养老设施建筑设计详解 1

周燕珉 等著

中国建筑工业出版社

前　言

我国正面临史无前例的、大规模的人口老龄化进程，高龄化、失能化、空巢化、少子化现象并存，仅依靠家庭照料越来越难以满足老年人的养老需求，特别是一些身体健康状况不佳的高龄、失能老人，需要入住专门的老年人照料设施，在社会的帮助和支持下养老。数据显示，2010年到2016年，全国养老设施床位数量已从350万张上升至680万张，年均增长率达12%。未来几十年，我国的高龄老年人口数量还将持续快速增长，为满足养老照料需求，仍有大量的养老设施有待建设。

养老设施最重要的设计目标就是要满足老年人的需求和运营管理的需要。但是，我国养老设施的设计现状却不容乐观，存在诸多问题。笔者及团队曾参与过北京市养老机构和社区养老设施的普查项目，还对上海、广州、佛山、深圳、南京、大连、杭州等许多城市的养老设施进行过大量、长期的调研。调研中我们发现，许多养老设施存在安全隐患，适老化设计不足，功能配置不合理，未考虑结合老年人身体条件的衰退变化进行适应性设计。还有一些养老项目从一开始就陷入程式化设计，仅注意满足设计规范的最低要求，却较少考虑老人的生活习惯和心理需求，以及运营管理方对服务流线、人力配备、工作效率等方面的需要，致使建成后的建筑空间不但难以满足老人的使用要求，还增加了运营方的负担和人力成本。

在与设计人员、老人院院长、服务人员等的长期接触中我们感到，一方面，目前许多设计人员因刚开始接触此类项目，对老人和运营方的需求还不够了解，设计困惑较多；另一方面，运营方由于没有建筑专业的背景知识，往往难以清晰表达自身对空间、流线等方面的需求，沟通不畅。以上两方面原因导致项目中的许多设计错误未能及时避免，甚至反复出现，浪费了宝贵的资金，而当事后想要解决这些问题时往往为时已晚，老人已经入住，拆改困难重重，需要付出巨大的代价。

当前的养老设施建筑设计亟须设计思路和方法上的指导，但目前市场上相关的指导用书还比较匮乏。为此，我们决心写作《养老设施建筑设计详解》，将二十余年来在养老设施设计方面的研究成果和实践经验与读者分享。本书写作立足于养老设施使用者的需求，从现实国情出发，总结、提炼出了较为实用的建筑设计理念和设计要点，方便在实践中应用。

希望本书能够成为一座桥梁，加深设计师、运营方和投资开发商等各方的相互理解，便于更好地开展合作。希望设计师通过本书可掌握养老设施的功能要求和设计要点；运营方通过本书能理解设计的要领和空间的相互制约关系；投资开发商通过本书可了解空间设计与运营管理的相关性，明确投资与建设的需求。另外，本书也适合于养老产业相关的政府工作人员、社会人士和学生等阅读和参考。

本书的研究对象是为老人提供照料服务的养老设施，如老年养护院、养老院、日间照料设施等。这类设施的主要服务对象是高龄、失能、失智老人，即市场划分中有刚性需求的老人。本书从使用者的需求出发，对这类建筑的设计思路和设计要点进行了重点讲解。

本书卷 1 与卷 2 内容共分为四个部分：

"背景篇"（卷 1 第一、二章）对我国老年建筑的发展状况及发展趋势进行总体概述。

"策划篇"（卷 1 第三章）对养老设施项目的策划思路、空间需求和功能配置进行全面梳理。

"设计篇"（卷 1 第四、五章和卷 2 第一章）是本书的重点篇章，用图文并茂的方式对养老设施建筑的整体布局和公共空间、居住空间的设计要点进行详细讲解。

"案例篇"（卷 2 第二章）对笔者团队主持和参与设计的典型实践案例进行总结分享。

本书的写作追求深入浅出，既方便短时性的随遇随查、启发思路，又保证深入细读时能理解原理、掌握设计内涵。

在写作方法上，本书十分注重对设计思路的说明，力求提供多元的设计视角和切实可行的设计建议，让设计人员不仅掌握设计的要领，还能理解背后的需求和原因。书中大量运用了对比的手法提示设计误区和正确做法，希望对设计工作给予有效的帮助。

在表现形式上，本书希望读者能够轻松翻阅、一目了然。经过多次的思考与尝试和反复的调整修改，本书最终定型为"一页一标题"的排版方式，内容具体、图文并茂，希望读者翻到任何一页都能开始阅读，而且仅浏览标题和图表即可把握该页内容的大意和要领。

本书是一个全新的创作，从动笔到完稿三年有余、耗时很长。在写作过程中，我们不断调研求证、不断提高认识，期间曾对全书架构做过多次重大调整，各节书稿平均修改二十余遍，目的是希望通过反复的推敲凝练，提高本书内容的准确性、适用性和易读性，避免产生歧义、造成误导。

与笔者合作编写本书的人员包括清华大学建筑学院的教师、博士后、博士生、硕士生，还有笔者工作室的多名建筑师。另有十余人参与了本书的资料收集、绘图辅助和排版校对等工作。大家在漫长的写作过程中都保持着极大的热忱，付出了艰辛的劳动，本书的出版面世是对他们长久努力的最大肯定。

本书的写作和出版得到了各界的大力支持。感谢上海悉地工程设计顾问有限公司为本书的编写提供赞助，并在一些专业设计问题上提供技术支持。感谢江苏澳洋养老产业投资发展有限公司、广意集团有限公司、北京泰颐春管理咨询有限公司、宁波象山亲和源置业有限公司、住总集团天津京城投资开发有限公司、泰康之家瑞城置业有限公司、中天颐信企业管理服务有限公司、乐成老年事业投资有限公司、万科企业股份有限公司、北京天华北方建筑设计有限公司等企业对笔者团队的信任，通过实际养老项目的合作为我们提供研究和实践机会。感谢北京市民政局、朝阳区民政局、顺德区老年事业促进会、保利和熹会老年公寓、长友雅苑养老院、广意集团乐善居颐养院、乐成恭和苑、北京国安养老照料中心、北京英智康复医院、北京市养老服务职业技能培训学校等政府部门、养老设施和社会团体为笔者团队提供了宝贵的参观调研和深度访谈机会。还要感谢很多养老设施的院长和一线工作人员与我们分享他们的实践经验，在向他们请教、与他们交流的过程中，笔者团队受益匪浅。另外，本书中一些图纸和照片来自于我工作室保持长期合作的企业及个人（已在书中注明图片来源），在此一并表示衷心的感谢。

尽管笔者及写作团队力求向读者展现最新的设计理念和实践心得，但由于当前养老市场发展迅速、实践项目层出不穷，故在一些设计理念和未来趋势的判断上可能存在一定的局限性，内容上也难免有疏漏不足之处，还望广大读者不吝赐教、多多指正。

在本书之后，我们还计划就养老设施医疗空间、康复空间、后勤服务空间等更多建筑空间的设计，以及养老设施室内设计、室外环境设计等方面继续著述，推出后续的书籍，希冀构筑起养老设施设计的完整知识体系。

周燕珉

于清华大学建筑学院

2017 年 12 月

本书执笔者及参与者

主笔人：周燕珉

卷1各章节合作者名单：

第一章　中国老年建筑的总体情况

| 第1节 | 中国人口老龄化与养老需求 | 林婧怡 |
| 第2节 | 中国养老相关政策标准与老年建筑类型 | 林婧怡 |

第二章　中国老年建筑的发展状况与方向

| 第1节 | 中国老年建筑的现状与问题 | 林婧怡 |
| 第2节 | 中国老年建筑的发展方向 | 贾　敏；林婧怡 |

第三章　项目的全程策划与总体设计

第1节	项目的全程策划	贾　敏
第2节	使用方的空间需求调研	贾　敏
第3节	建设规模与建筑功能配置	林婧怡

第四章　场地规划与建筑整体布局

第1节	场地规划与设计	陈　星
第2节	建筑空间组织关系与平面布局	林婧怡
第3节	建筑空间流线设计	李广龙

第五章　居住空间设计

第1节	护理组团	李佳婧
第2节	组团公共起居厅	李佳婧
第3节	护理站	李广龙
第4节	老人居室	秦　岭

附　录

| | 有关运营方空间需求的调查问卷（示例） | 贾　敏；秦　岭 |

卷 2 各章节合作者名单：

第一章　　公共空间设计

第 1 节	门厅	李广龙
第 2 节	公共走廊	李广龙；李　辉
第 3 节	楼梯间与电梯间	陈　瑜；李　辉
第 4 节	公共活动空间	李佳婧；雷　挺
第 5 节	就餐空间	陈　瑜；李　辉
第 6 节	公共卫生间	林婧怡；陈　瑜
第 7 节	公共浴室	李佳婧；陈　瑜

第二章　　典型案例分析

第 1 节	综合型养老设施——优居壹佰养生公寓	贾　敏
第 2 节	护理型养老设施——泰颐春养老中心	贾　敏
第 3 节	医养结合型养老设施——乐善居颐养院	李佳婧；贾　敏
第 4 节	小型多功能养老设施——大栅栏街道养老照料中心	程晓青；王若凡；杨施薇

统稿及内容修订：贾　敏、林婧怡
美工设计：马笑笑、贾　敏、杨含悦
资料收集：李　辉、雷　挺、孙逸琳、张　玲、吴艳珊、唐　丽
辅助制图：郑远伟、王元明、徐晓萌、杨含悦、丁剑书、许　嘉
后期校对：贾　敏、秦　岭、陈　瑜、李广龙、林婧怡、李佳婧、陈　星

目 录

第一章　中国老年建筑的总体情况　　1

第1节　中国人口老龄化与养老需求　　2
老年人及老龄化的基本概念　　2
中国人口老龄化状况及特征　　3
中国老年人的养老模式与需求　　6

第2节　中国养老相关政策标准与老年建筑类型　　8
中国养老政策发展历程　　8
老年建筑标准规范发展动向　　10
当前中国老年建筑的主要类型名称　　12
各类老年建筑的特征比较　　13

第二章　中国老年建筑的发展状况与方向　　15

第1节　中国老年建筑的现状与问题　　16
国内老年建筑项目开发建设模式　　16
当前老年建筑项目的建设问题　　18
国内老年建筑的设计现状与问题　　20

第2节　中国老年建筑的发展方向　　22
中国老年建筑的未来发展趋势　　22
中国老年建筑设计的发展方向　　25

第三章　项目的全程策划与总体设计　　29

第1节　项目的全程策划　　30

项目全程策划的概念与任务　　30
项目全程策划的常见问题　　31
项目定位阶段的任务及建议　　32
项目定位阶段的工作内容　　33
开发计划制定阶段的任务及建议　　34
开发计划制定阶段的工作内容　　35
"开发计划书"的主要编写内容　　36
全程策划要点　　37

第2节　使用方的空间需求调研　　42

使用方空间需求调研工作　　42
老年客群空间需求调查内容　　43
运营方空间需求调查内容　　44
其他使用方的空间需求调查内容　　45
老年客群空间需求调研示例　　46
运营方空间需求调研示例　　48
"空间需求"调查的几种方法　　51

第3节　建设规模与建筑功能配置　　52

养老设施的建设规模及建设指标　　52
养老设施的功能空间配置要求　　53

养老设施空间面积指标探讨	54
养老设施面积配比规律探讨	56
养老设施空间面积指标规律小结	59
机构养老设施功能空间配置与面积指标示例	60
社区养老设施功能空间配置与面积指标示例	67

第四章　场地规划与建筑整体布局　69

第1节　场地规划与设计　71

场地规划设计的主要内容	72
场地规划设计的常见问题	73
建筑布局设计原则	75
道路交通设计原则	77
室外活动场地设计原则	81

第2节　建筑空间组织关系与平面布局　87

养老设施建筑功能空间组织关系	88
养老设施建筑空间整体布局	90
养老设施标准层平面布局要求	92
养老设施标准层平面布局示例	95
养老设施标准层典型平面布局分析	96
养老设施平面设计实例	100
社区加建型养老设施平面设计实例	106
社区改造型养老设施平面设计实例	107

第3节　建筑空间流线设计　　　　　　　　　　　　　**109**

　　养老设施流线设计重要性及分类　　　　　110
　　流线设计总体原则　　　　　　　　　　　111
　　公共流线设计　　　　　　　　　　　　　112
　　护理服务流线设计　　　　　　　　　　　113
　　送餐流线设计　　　　　　　　　　　　　114
　　洗浴流线设计　　　　　　　　　　　　　115
　　洗衣流线设计　　　　　　　　　　　　　116
　　污物流线设计　　　　　　　　　　　　　117
　　进货流线设计　　　　　　　　　　　　　118
　　员工上下班流线设计　　　　　　　　　　119

第五章　居住空间设计　　　　　　　　　　　　　　　121

第1节　护理组团　　　　　　　　　　　　　　　　**123**

　　护理组团的定义与特点　　　　　　　　　124
　　护理组团的规模　　　　　　　　　　　　125
　　护理组团的功能布局　　　　　　　　　　126
　　护理组团的平面组合　　　　　　　　　　127

第2节　组团公共起居厅　　　　　　　　　　　　　**129**

　　公共起居厅的功能与设计目标　　　　　　130
　　公共起居厅的位置选择　　　　　　　　　131

公共起居厅的位置选择示例	132
公共起居厅与其他相关空间的联系	133
公共起居厅的功能与规模	134
公共起居厅常见布局	135
公共起居厅就餐活动空间设计要点	136
公共起居厅休闲活动空间设计要点	138
公共起居厅展示功能设计要点	140
公共起居厅储藏功能设计要点	141
公共起居厅附设的半私密空间	142
公共起居厅洗手处设计要点	143
公共起居厅设计示例	144

第 3 节　护理站　　149

护理站的定义及常见设计误区	150
护理站的设计理念	151
护理站的位置选择	152
护理站的视线要求	153
护理站的功能及空间需求	154
护理站服务台的设计要点	156
护理站及配套空间设计示例	157

第 4 节　老人居室　　159

老人居室的界定	160
老人居室的常见设计问题	161
国外老人居室的发展经验借鉴	162
老人居室的配置要点	164

老人居室的朝向选择	166
老人居室的排列布置	167
老人居室的面积要求	168
老人居室的尺寸要求	169
老人居室面宽的适宜尺寸	170
老人居室进深的适宜尺寸	171
老人居室的功能配置	172
老人居室的平面布置	173
单人居室的设计	174
双人居室的设计	176
双拼居室的设计	178
多人护理间的设计	180
套间居室的设计	182
失智老人居室的设计	184
老人居室的卫生间设计	186
老人居室卫生间的平面形式	187
老人居室卫生间的设计要点	188
老人居室卫生间的改造设计示例	190
老人居室卫生间的细节设计	191
老人居室厨房的设计	194
老人居室阳台的设计	196
老人居室的创新设计示例	198
常见老人居室的平面尺寸示例	199

附录　　201

有关运营方空间需求的调查问卷（示例）	202

第一章
中国老年建筑的总体情况

第1节　中国人口老龄化与养老需求

第2节　中国养老相关政策标准与老年建筑类型

第1节　中国人口老龄化与养老需求

1-1 老年人及老龄化的基本概念

▶ 老年人及老龄化社会的界定

世界各国对于**老年人**的界定并非采用统一的标准，但大部分国家是以 60 岁或 65 岁这两个年龄节点来进行划分。相应的，判断一个国家是否已步入**老龄化社会**，也有两种不同的衡量方式。

对老年人的界定

- **以60岁为标准**：联合国一般使用这一标准，中国、印度等国家采用此标准。
- **以65岁为标准**：发达国家（如日本、美国、欧洲等）大多采用这一标准。

各国对于老年人的界定往往与退休年龄的划定有一定关联[1]，不同的国家由于社会发展水平、人均预期寿命不同，对于开始领取退休金的年龄划定有所差异，因而对老年人的界定就采用了不同的标准。

对老龄化社会的界定

- 60岁及以上老年人口比例≥10%
- 或 65岁及以上老年人口比例≥7%

由于中国与发达国家对老年人的界定标准不同，在比较国内外老龄化率和老龄化社会发展程度时，应注意所采用的是否为同一界定标准。

▶ 老年人群体的细分

对于老年人群体还有很多细分方式。例如将老年人按年龄划分为年轻老人（young-old）、中年老人（middle-old）和老老人（old-old）[2]。目前常提到的概念还有高龄老人和低龄老人。

根据年龄对老年人群体的细分　　表 1.1.1

类别	年龄段	备注
年轻老人	60~69 岁	通常意义上的"低龄老人"
中年老人	70~79 岁	
老老人	80 岁及以上	我国目前界定的"高龄老人"

▷ 如何界定"高龄老人"和"低龄老人"？

对高龄老人的界定往往与国家的福利政策相关，由于每个国家的政策不同，对高龄老人的年龄界定标准也就存在差异。目前中国将 80 岁及以上的老年人称为"高龄老人"，国家对于高龄老人会有相应的福利措施，例如按月发放高龄津贴等。而在一些发达国家，则是将 85 岁作为划定高龄老人的年龄界限。

对于低龄老人目前尚不存在严格的概念，通常是指 60~69 岁的老年人群体。也有一些市场研究将 55~59 岁的准老人纳入低龄老人范畴。

1　参考自世界卫生组织（WHO）相关研究报告对老年人的界定方式的阐述，http://www.who.int/healthinfo/survey/ageingdefnolder/en/.
2　Forman D E, et al. PTCA in the elderly: The "young-old" versus the "old-old"[J]. Journal of the American Geriatrics Society, 1992, 40(1):19–22.

第一章 中国老年建筑的总体情况

中国人口老龄化状况及特征①
人口结构及老龄化的发展趋势

▶ **中国人口年龄结构的变化趋势**

1999 年,中国 60 岁及以上人口占总人口比例超过 10%,正式步入老龄化社会[1]。从图 1.1.1 可知,中国的人口结构正逐渐从增长型(年轻人占总人口的比例较大)过渡到稳定型(各年龄组的人数大致相等)。

当前正值我国人口老龄化的快速发展时期,预计到 2050 年左右,我国老年人口数量将达到峰值,60 岁及以上老年人口比例将达到 30% 以上[2]。

▶ **中国与世界各国老龄化发展趋势比较**

通过对各国 65 岁及以上老年人口占总人口的比例进行比较(图 1.1.2),可以发现:以中国、日本、韩国为代表的亚洲国家,虽然步入老龄化社会晚于欧美国家,但老龄化发展速度明显快于其他国家,并将最终超过许多发达国家。

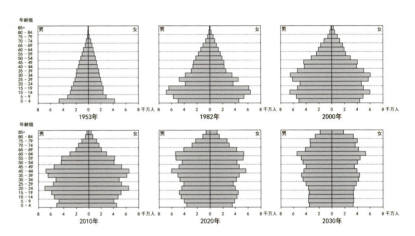

数据来源:张恺悌,郭平. 中国人口老龄化与老年人状况蓝皮书 [M]. 北京:中国社会出版社,2009.

图 1.1.1 中国人口金字塔(1950~2030 年)

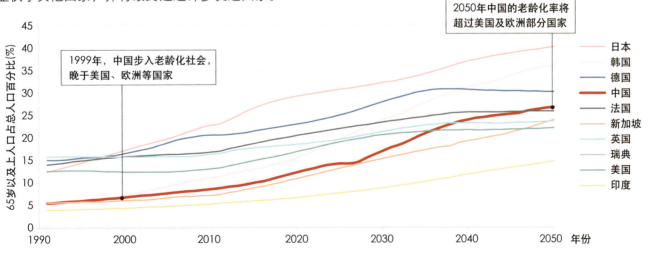

数据来源:Census International Data Base (IDB),美国人口普查局,国际数据库;2015 年国民经济和社会发展统计公报

图 1.1.2 中国及世界部分国家 65 岁及以上老年人口比例发展趋势图

---

1 党俊武. 探索应对老龄社会之道 [M]. 北京:华龄出版社,2012: 39.
2 李本公. 中国人口老龄化发展趋势百年预测 [R]. 北京:华龄出版社,2006: 1.

第1节　中国人口老龄化与养老需求

1-1

中国人口老龄化状况及特征②
老年人口抚养负担加重

▶ **中国老年人口抚养比逐步上升，劳动人口负担逐渐加重**

▷ **人口红利优势正在逐步消失**

人口红利是指一个国家的劳动年龄人口（15~64岁）占总人口比重较大，人口抚养比[1]（即非劳动年龄人口数与劳动年龄人口数之比）较低。

从20世纪80年代以来，中国一直处于人口红利上升期。而随着近年来老龄化的加速发展，我国的人口抚养比开始上升，人口红利优势正在逐步消失。

▷ **劳动人口抚养重点将从少儿转向老年人**

预计到2030年前后，我国65岁及以上老年人口比例将会超过0~14岁的少儿人口比例（图1.1.3）。相应地，老年人口抚养比[2]将会超过少儿人口抚养比[3]。由此可知，劳动年龄人口的抚养重点将由少儿人口转向老年人口。

▷ **老年人口抚养负担急剧加重**

2015年，中国的老年人口抚养比与世界平均水平基本持平。从2015到2050年，中国的老年人口抚养负担将急剧加重，远超世界及亚洲、北美洲等地区的平均水平，将与欧洲平均水平接近（图1.1.4）。

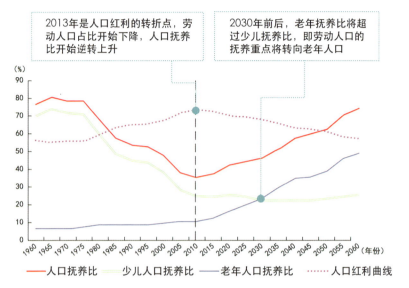

数据来源：蔡昉. 中国人口与劳动问题报告 No.14., 从人口红利到制度红利 [M]. 北京：社会科学文献出版社，2013.

图 1.1.3　中国人口抚养比变化趋势（1960~2060年）

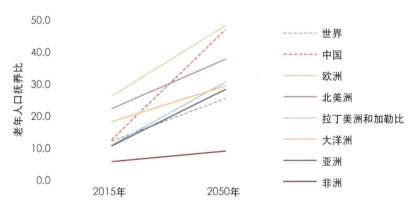

数据来源：United Nations Department of Economic and Social Affairs, Population Division（联合国经济和社会事务部人口司）. Profiles of Ageing 2015[EB]. http://esa.un.org/unpd/popdev/Profilesofageing2015/index.html (accessed Dec 20, 2017).

图 1.1.4　世界不同地区老年人口抚养状况变化趋势

1　人口抚养比：非劳动年龄人口（0~14岁和65岁及以上人口）与劳动年龄人口（15~64岁人口）之比，通常用百分比表示。
2　老年人口抚养比：65岁及以上人口与15~64岁人口之比，通常用百分比表示，说明每100名劳动年龄人口要负担多少名老年人。
3　少儿人口抚养比：0~14岁人口与15~64岁人口之比，通常用百分比表示，说明每100名劳动年龄人口要负担多少名少儿。

第一章　中国老年建筑的总体情况

中国人口老龄化状况及特征③
低龄、空巢及高龄失能老人比例高

▶ **当前中国老年人口中的低龄老人所占比例高**

与日本、欧洲等国家目前面临的以高龄老人为主的深度老龄化状况有所不同，当前中国的老年人口数量虽然在快速增加，然而其中有超过 1/3 的老年人为 60~64 岁的老人，这是由于我国第一代婴儿潮出生的大量人口进入了老龄阶段。未来这批老人集中步入高龄行列后，对高龄老人的照护负担也将随之加重。

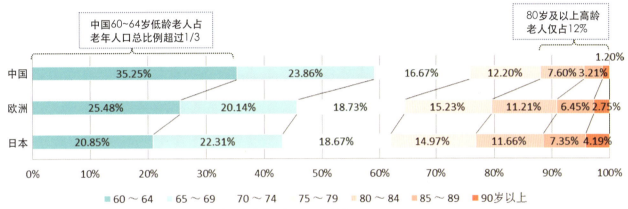

数据来源：2014 年中国人口抽样调查；日本厚生省平成 27 年统计；欧盟委员会 2014 年统计.
图 1.1.5　中国与欧洲、日本的不同年龄段老年人口的分布比例对比图（2014 年）

▶ **城镇空巢老年人比例逐渐升高**

当前中国城镇老年人空巢居住的比例明显增加，只与配偶同住成为城镇老年人的主要居住方式。

数据来源：曲嘉瑶，杜鹏. 中国城镇老年人的居住意愿对空巢居住的影响 [J]. 人口与发展，2014,(02):87-94.
图 1.1.6　中国城镇老年人空巢居住比例变化

▶ **高龄失能老年人比例高**

随着老年人年龄的增长，失能比例显著上升。我国 80 岁及以上高龄老人中，近一半为部分失能或完全失能老人。

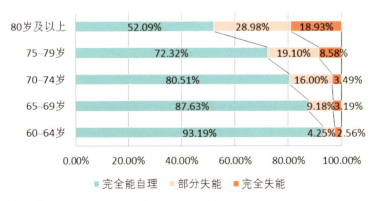

数据来源：2010 年中国城乡老年人口状况追踪调查数据
图 1.1.7　中国不同年龄段失能老年人分布比例

第1节 中国人口老龄化与养老需求　　1-1

中国老年人的养老模式与需求①
养老模式由传统家庭养老转向社会养老

▶ **中国老年人的养老模式将更多依赖社会养老**

中国老年人的养老模式正从传统的家庭养老向家庭养老和社会养老相结合的模式转变。这既与客观层面的人口、家庭结构变化有关，也和主观层面的老年人养老意愿的转变相关[1]。

▷ **子女数量下降使传统的家庭养老模式难以为继**

长期以来，中国老年人以家庭养老为主，其日常生活照料者主要为子女及配偶。但近年来随着老年人平均子女数量的逐渐减少（图1.1.8），子女对老年人的抚养负担也将随之加重，传统的家庭养老模式将难以为继。特别是对于独生子女的父母而言，他们将更难以依靠子女养老。

▶ **中国老年人逐渐能够接受其他养老模式**

▷ **城市老年人越来越倾向于与子女分开居住**

通过中国老龄科研中心2000年、2006年及2010年的三次全国老年人口状况追踪调查数据可以看出，中国城市老年人在实际的居住方式上越来越倾向于与后代分开居住，同时在家庭居住意愿方面与子女同住的意愿也在下降（图1.1.9）。由此看出，老人追求独立居住和独立养老的意愿逐渐增强。

▷ **城市老年人更趋向于入住养老机构**

根据中国人民大学2014年中国老年社会追踪调查数据[2]可知，城市老年人更趋向于独立居住或入住养老机构。数据表明，70岁以下城市低龄老年人打算入住养老机构的比例达到8.2%。收入较高的城市老年人打算入住养老机构的比例达到12.7%。

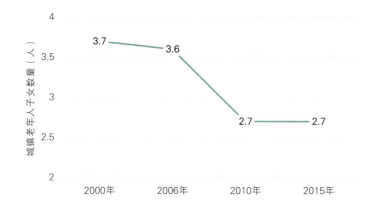

数据来源：2000年，2006年，2010年，2015年中国城乡老年人口状况追踪调查数据。
图 1.1.8　城镇老年人平均子女数量逐渐下降

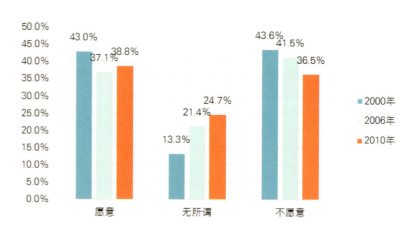

数据来源：曲嘉瑶，杜鹏. 中国城镇老年人的居住意愿对空巢居住的影响. 人口与发展，2014,02:87–94.
图 1.1.9　城市老年人与子女同住的意愿变化

1　陈赛权. 中国养老模式研究综述 [J]. 人口学刊，2000, (03): 30-36,51.
2　孙鹃娟，沈定. 中国老年人口的养老意愿及其城乡差异——基于中国老年社会追踪调查数据的分析 [J]. 人口与经济，2017, (02): 11-20.

第一章　中国老年建筑的总体情况

中国老年人的养老模式与需求②
养老需求呈现多元化及差异化

▶ 老年人的养老需求呈现多元化

▷ 异地度假养老具有一定的市场接受度

随着经济能力的提升，老年人的消费观念与消费结构也在不断地丰富与发展。在退休之后享受旅游养生、异地养老的生活方式被越来越多老人所认可。这部分群体以低龄、身体健康、经济条件较好的老人为主。其中许多老人是出于"消夏避寒"的目的而选择了候鸟式异地养老。据统计，2014年11月海南省有异地养老人群40万，其中19万都来自哈尔滨[1]。2016年夏季到黑龙江省休闲养老、养生的外地老人比2015年增长30%以上，总数超100万人[2]。

▶ 老年人的养老需求存在地区差异

▷ 不同城市老人对养老机构的接受度有所差异

相关研究发现，二、三线城市有一部分老人认为入住养老机构就代表子女不孝顺、自己被遗弃，而一线城市（北京、上海）的老人对入住养老机构的看法更加积极，认为去养老机构能让子女省心，且更认可养老机构专业的医疗护理和丰富的日常活动。这与一线城市老年人的养老理念更开放、经济状况较好，以及城市养老资源更加充足有关，也与这些地区的家庭小型化、空巢化程度较重，子女照料能力不足有关。

▷ 城市不同区位的养老需求存在差异

以北京为例，中心城区和郊区的老龄化程度不同，对养老服务的需求也就有所不同。中心城区（城六区）的老龄化、高龄化程度高（图1.1.10），高龄失能老人的照料需求要比其他区县突出，而养老床位供给不足。因此中心城区的养老床位更显紧缺。

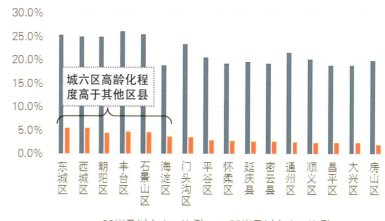

数据来源：北京市老龄委办公室. 北京市2014年老年人口信息和老龄事业发展状况报告[R]. 2015.

图1.1.10　北京市各区县老龄化及高龄化程度比较

1　黄媛艳. 三亚异地养老老年人协会运行，为候鸟老人提供服务[N]. 海南日报，2014-11-03. http://news.hainan.net/shzx/2014/11/03/2116124.shtml.
2　郭铭华. 今夏超百万候鸟老人到我省养老养生[N]. 黑龙江日报，2016-09-29(001).

第2节　中国养老相关政策标准与老年建筑类型　　1-2

中国养老政策发展历程①

1994~2010年

1994年，随着《中国老龄工作七年发展纲要（1994~2000年）》的发布，我国老龄工作和老龄事业开始步入有计划的发展轨道。

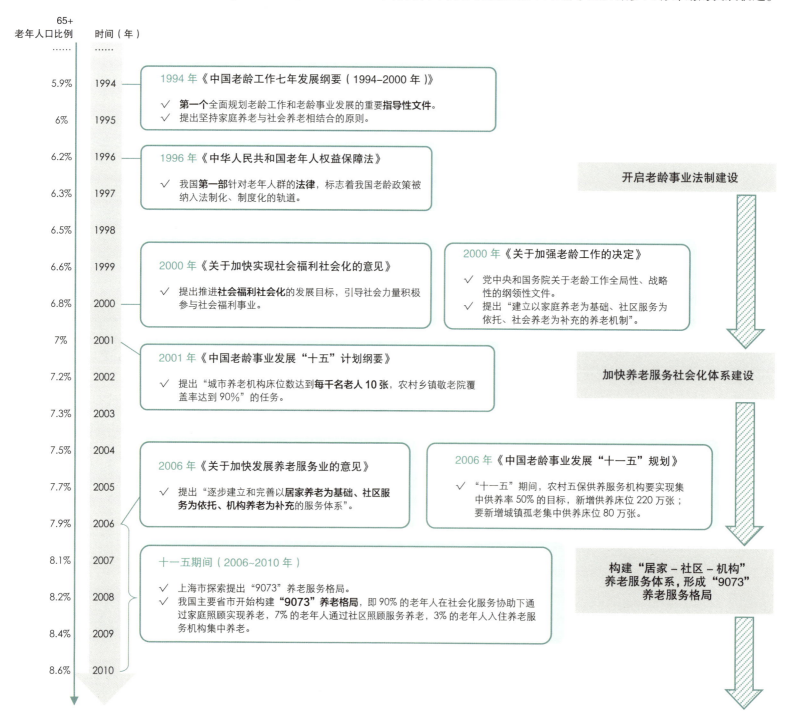

中国养老政策发展历程② 2011~2016年

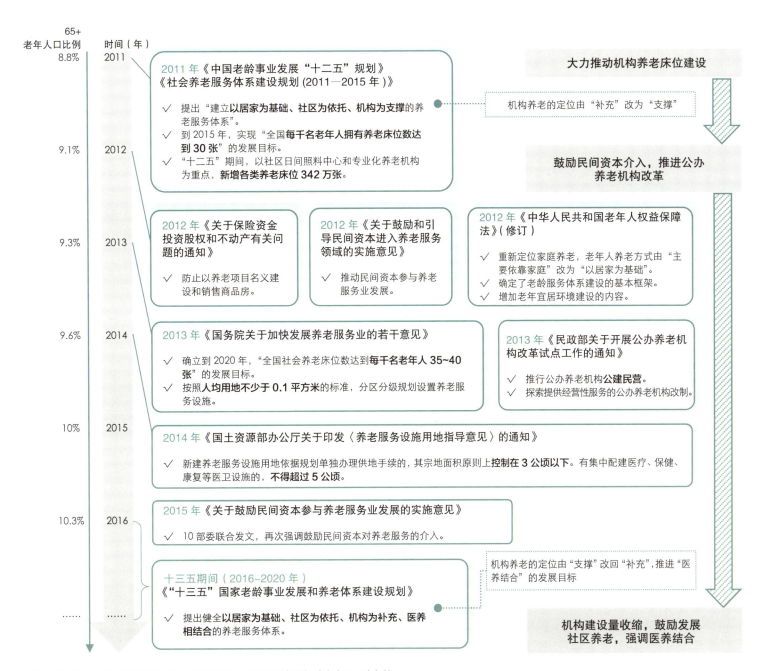

注：以上内容根据历年国家出台的政策文件整理而成，对政策的相关评述参考了下述文献：
吴玉韶, 党俊武. 中国老龄事业发展报告 [R]. 北京：社会科学文献出版社, 2013.
吴玉韶, 党俊武. 中国老龄事业发展报告 [R]. 北京：社会科学文献出版社, 2014.
曹炳良.《中国老龄工作七年发展纲要（1994-2000年）》出台始末 [J]. 中国社会导刊, 2008, (20): 53-55.
施巍巍, 罗新录. 我国养老服务政策的演变与国家角色的定位——福利多元主义视角. 理论探讨, 2014, (02): 169-172.
韩艳. 中国养老服务政策的演进路径和发展方向——基于1949-2014年国家层面政策文本的研究. 东南学术, 2015, (04): 42-48,247.

第2节 中国养老相关政策标准与老年建筑类型　　1-2

老年建筑标准规范发展动向

▶ 我国老年建筑标准规范发展状况

1999年，伴随着中国步入老龄化社会，我国出台了第一本针对老年人建筑设计的标准规范，填补了我国工程建设标准在这一领域的空白。随着近些年老龄化的快速发展，国家不断编制出台、修订相关标准规范。从1999年至今，我国发布实施的老年建筑标准规范如表1.2.1所示。

我国从1999年至今发布实施的老年建筑标准规范一览　　表1.2.1

序号	标准名称	标准编号	施行日期	标准状态
1	老年人建筑设计规范	JGJ 122-99	1999-10-01	已废止
2	老年人居住建筑设计标准	GB/T 50340-2003	2003-09-01	已废止
3	城镇老年人设施规划规范	GB 50437-2007	2008-06-01	现行
4	社区老年人日间照料中心建设标准	建标 143-2010	2011-03-01	现行
5	老年养护院建设标准	建标 144-2010	2011-03-01	现行
6	养老设施建筑设计规范	GB 50867-2013	2014-05-01	修订中
7	老年人居住建筑设计规范	GB 50340-2016	2017-07-01	现行

▶ 近年老年建筑标准规范的发展动向

▷ 对已出台的标准规范进行调整和修订

早期的标准规范中对老年建筑的界定不够明晰，部分条文的设计要求已较为落后，难以符合时代的发展需求。2012~2016年，国家组织对《老年人建筑设计规范》和《老年人居住建筑设计标准》进行修订，重新整合并编制了《养老设施建筑设计规范》和《老年人居住建筑设计规范》，从建筑类型上进一步明确了养老设施和老年人居住建筑的差异（图1.2.1）。

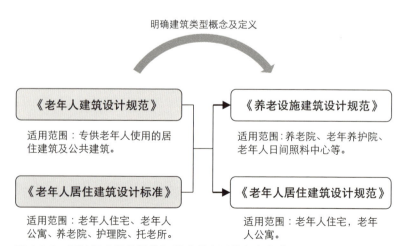

图1.2.1　通过标准规范的修订明确养老设施与老年人居住建筑的差异

▷ 编制各类老年建筑国家标准图集

近年来，民政部、住建部组织编制了针对老年养护院、社区老年人日间照料中心、老年人居住建筑的国家建筑标准图集，以更有效地指导全国各地老年建筑的规划建设（图 1.2.2）。

图 1.2.2　近年来我国各类老年建筑国家标准图集列举

▷ 地方标准规范不断出台

除国家层面的标准之外，各地方逐步出台了与养老设施相关的规定及各类标准规范，具体包括：

- 北京《社区养老服务设施设计标准》
- 北京《社区养老服务驿站设施设计和服务标准（试行）》
- 北京《居住区无障碍设计规程》
- 上海《养老设施建筑设计标准》
- 上海《社区养老服务管理办法》
- 上海《社区居家养老服务规范实施细则（试行）》
- 上海《绿色养老建筑评价技术细则》
- 上海《适老居住区设计指南》
- 四川省《养老院建筑设计规范》
- ……

▶ 我国老年建筑标准规范的编制思路宜适当转变

当前我国养老服务业逐步向社会化、市场化转型，养老项目的建设呈现多样化的发展趋势。既有建筑改造项目的占比也在增多，使得市场上对设计灵活性的诉求逐渐增加，继而导致现行涉老建筑标准面临许多挑战。以往我国的标准在编制思路和方法上，呈现出以指令性要求为主的特点，在一定程度上造成了标准对设计的限制及约束。标准中通常缺少对设计目标的清晰阐述说明，导致设计人员对标准的理解和使用存在偏差；另外，还有部分标准内容不符合当前许多养老项目建设的客观条件，降低了标准的现实指导效果。

为此，我国已有多部涉老建筑标准开展修订工作，结合国外经验（英、美、日等国家的建筑法规皆以目标化、功能化和性能化说明为主），我国的涉老建筑标准应向以目标为导向的编制思路转型，包括重新思考标准的定位、编制思路与方法等，以期在养老项目实践中发挥更有效的指导作用。

第2节　中国养老相关政策标准与老年建筑类型　　1-2

当前中国老年建筑的主要类型名称

▶ **我国老年建筑常用的类型名称**

我国的老年建筑尚处于发展初期，其类型体系及名称术语仍在逐步完善中。一方面，国家标准规范中对于老年建筑的类型名称进行了界定；另一方面，各地方政府在推动养老服务设施发展建设时也会根据各地的需求及特色，确定一些类型名称。与此同时，随着市场上对养老项目的探索，也在不断涌现出新的类型名称。本部分主要以国家标准规范为依据，并结合现阶段我国的社会养老服务体系，介绍一些常见的老年建筑类型名称及其相应的服务定位。

我国以往规范通常将老年建筑中专门为老年人提供照料服务的机构及场所，笼统地归纳为**养老设施**。目前也将提供照料服务的养老设施称为**老年人照料设施**，以强调其专业照料和护理服务的特点。常见的养老设施类型名称及相互关系，可参见下表。

★ 本套书主要讨论下图中 **红色框** 所示的三类养老设施的规划与设计，包括老年日间照料中心、养老院、老年养护院等。

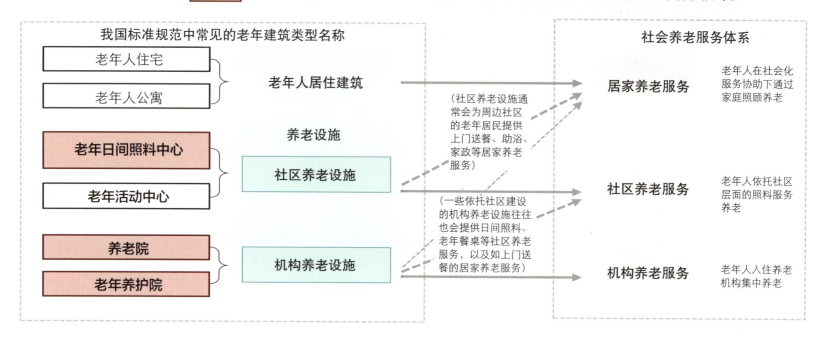

> **TIPS　老年建筑的类型名称与政策和市场的影响密切相关**
>
> 目前国内的老年建筑不仅限于标准规范中给出的几类，还有许多其他的类型及名称。这与国家政策的实施及市场的发展需求有很大关系。国家不同时期、不同部门、不同省市出台的政策中会产生不同的类型或名称，例如民政部曾经推动实施的"星光老年之家"项目，及近年来北京市提出的"养老照料中心""社区养老服务驿站"建设计划等。另外，一些开发商在市场上为了宣传和包装产品，也会创造出一些新的产品类型及名称，例如亲情社区、养生公寓等。

各类老年建筑的特征比较

▶ **不同类型老年建筑的特征比较**

不同类型老年建筑的差异主要体现在所面向的老年人群体和所采用的服务管理模式等方面。

目前大部分老年人住宅都是供具备自理能力的老人以家庭为单位开展独立的居住生活；而老年养护院、养老院则主要是为不同程度失能状况的老人提供集中的居住和护理服务。相应的，二者在建筑形式上也会呈现出不同的特征。如图 1.2.3 所示，老年人住宅通常采用与普通住宅类似的单元式布局，而养老院则多采用廊式布局，以便护理服务的高效开展。

（a）老年人住宅（单元式）　　（b）养老院（廊式）

图 1.2.3　不同类型老年建筑在平面形式上的特征

▷ **老年人公寓与老年人住宅、老年人照料设施的差异**

"老年人公寓"（或老年公寓、养老公寓）一词目前在市场上出现得很多，许多人对这一概念的认识比较模糊，存在一定误解。从现行的标准规范定义来看，老年人公寓是指介于老年人照料设施和老年人住宅之间的，为自理和轻度失能老年人提供独立或半独立家居形式的建筑类型。相比于老年人住宅，老年人公寓自身会配套一些生活照料、文化娱乐设施，以便为老人提供服务。相比于面向中、重度失能老年人为主的老年人照料设施，老年人公寓更倾向于居家式的服务和空间氛围，通常以"套"为单位，而非"床"。目前市场上部分养老院也命名为老年公寓，有些是从过去沿袭下来的叫法，有些则是觉得这个名称更加亲切，更易被老人及家属接受。

老年人公寓与老年人住宅、老年人照料设施的比较　表 1.2.2

	老年人公寓	老年人住宅	老年人照料设施
定义	为老人提供独立或半独立家居形式的建筑，含完整配套服务设施	以老人为核心的家庭使用的专用住宅	为老人提供的以集体居住和生活照料为主的养老院、老年养护院等的统称
销售方式	多为租赁*	用地性质为住宅用地，以售卖为主	以床位租赁为主
管理服务	设施为老人提供以餐饮、休闲娱乐为主的生活照料服务和综合管理服务	老人主要利用社区的公共配套设施获得服务	设施为老人提供生活照料、康复护理、精神慰藉、文化娱乐等专业服务

* 受用地性质及服务模式的影响，市场上的老年人公寓通常为租赁式。

第二章
中国老年建筑的发展状况与方向

第1节　中国老年建筑的现状与问题

第2节　中国老年建筑的发展方向

CHAPTER.2

第1节　中国老年建筑的现状与问题

国内老年建筑项目开发建设模式①
常见的三类开发建设模式

▶ **当前我国常见的老年建筑项目开发建设模式**

近年来我国老年建筑项目的开发建设十分火热，开发商、投资商不断在探索养老项目的开发建设模式，市场上出现了越来越多的建成并投入运营的实际项目。我们将当前市场上最为常见的项目建设模式进行归纳，总结为以下三类：

模式一　全龄社区配建养老产品

通常是在开发普通居住区时划分出部分用地来配建一定比例的养老产品。具体的产品类型和配建形式可根据项目定位来灵活选择，例如可以配建专门的老年人住宅或老年人公寓组团，也可以配建单栋的老年人公寓或养老设施。这样的社区不仅面向老人，也面向各个年龄段的居住群体，是一个全龄化社区。

模式二　建设综合性养老社区

这类社区是指专门面向老年人的，包含了老年人住宅、老年人公寓、养老设施等各类产品及相关的医疗、娱乐等服务配套设施在内的综合性养老社区。其特点是能够满足老人从自理到需要护理各阶段身体状态下的照护需求，与国外的CCRC（持续照护退休社区）较为相似。

模式三　既有社区中插建、改建养老设施

指利用既有社区中的空闲用地或闲置建筑进行插建或改建，使其成为可向周边老人提供养老服务的社区养老设施，例如日间照料中心、老年助餐点、托老所、老年人活动站等。根据周边社区老年人的实际需求，以及项目的建设条件，设施可以是多功能复合型的，也可以是单一的，但通常规模都不会太大。

图 2.1.1　万科随园嘉树
项目类型：全龄社区中配建养老组团
总占地面积：养老组团占地约 5.9 万 m²
总建筑面积：养老组团面积约 6.39 万 m²
产品类型：自理型老人公寓 575 套、护理型床位 96 张

图 2.1.2　泰康之家·燕园社区
项目类型：综合性养老社区
总用地面积：约 200 亩
总建筑面积：31 万 m²
产品类型：退休公寓（面向自理老人）、协助生活公寓（面向有部分照护需求的老人）、专业护理设施（面向失能半失能老人）、记忆照护设施（面向失智老人），以及康复医院和相关服务配套设施

图 2.1.3　北京国安银柏椿树养老照料中心
项目类型：社区养老设施
建设形式：位于社区临街住宅楼的首层
总建筑面积：810m²
产品类型：全托型床位 10 张，日托型床位 20 张，两类床位数量可根据需求灵活调整

第二章　中国老年建筑的发展状况与方向

国内老年建筑项目开发建设模式②
新兴的三类开发建设模式

▶ **新兴的老年建筑项目开发建设模式**

当前随着我国养老产业的蓬勃发展和各类养老政策的不断出台，市场上涌现出一些新兴的养老项目开发模式。其中受到市场关注较多的主要为与医疗资源结合、与旅游资源结合、与保险产品结合的三类模式。

与医疗资源结合，开发医养结合型养老项目

模式特色："医养结合"是我国目前大力倡导的模式，国家也出台了相关政策给予支持。老年人对医疗资源依赖程度较大，在选择养老设施时，往往非常看重其医疗服务水平。特别是面向中、重度失能老年人的养老设施，其本身就须配置相应的医疗设施以提供完善的护理服务，因此将医疗和养老资源相结合的项目是具有现实意义的。

图 2.1.4　医养结合项目模式解读

与旅游资源结合，开发旅养结合型养老项目

模式特色：随着旅游业的快速发展，近年来与旅游、养生结合的养老项目开发正逐步升温。老年人在旅游群体中所占比例的不断上升，使得与旅游资源相结合的养老项目越来越受到市场的追捧。在退休之后享受旅游养生、异地养老的生活方式正被越来越多老人所认可。依托旅游资源建设养老项目成为许多开发商探索的开发模式。

图 2.1.5　依托旅游资源开发养老项目的模式解读

与保险产品结合，开发险养结合型养老项目

模式特色：以保险资金投入养老项目建设这一新兴模式近年来得到了较快发展。随着国家政策对保险资金投入不动产资产的限制松绑，多家保险企业积极探索"保险＋养老产品"的模式。对保险企业来说，养老项目的投资回报率稳健、受经济波动影响小、有稳定的现金流，与险资追求长期、稳定回报的资金特质是相吻合的。

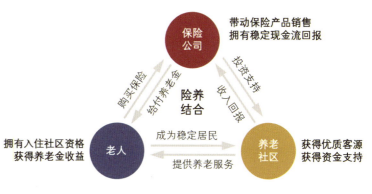

图 2.1.6　利用险资开发养老社区项目的模式解读

第1节　中国老年建筑的现状与问题

当前老年建筑项目的建设问题①
机构养老设施建设存在的问题

▶ **机构养老床位供需不匹配**

▷ **养老设施床位空置现象与"一床难求"并存**

我国养老设施的床位总数虽然逐年上升，但床位空置率也在上升（图2.1.7）。同时，一些大城市核心地段的养老机构，出现了"一床难求"的现象，这些都表明了我国养老床位供需不匹配。

▷ **新建养老设施选址较远，难以有效缓解床位紧缺压力**

城市中心区的高龄化率相对较高，护理需求更显著。而许多新建的养老设施位于城市郊区，虽然床位数量充裕，但由于距离较远，且缺少完善的医疗配套资源，并不能吸引老人入住。这不仅难以扭转市区内"一床难求"的局面，反而出现了"床位空置"的现象。

▶ **机构养老设施建设存在误区**

▷ **过度强调养老设施床位指标性建设任务**

"十二五"期间，国家提出新增340万张养老床位，实现全国每千名老年人拥有30张养老床位的目标。受政策影响，各地方着力推进养老设施建设，使床位数实现了大幅增长。但这也造成了一些地方政府片面追求建设速度，仅将"床位数"作为政绩衡量指标等问题。各地屡屡出现要建设上千床规模的养老设施的口号，以求尽快达标。然而对于项目是否与地区整体发展相协调、是否符合当地养老需求、建设后是否能持续有效运营，都缺少长远和深入的考虑，造成建成后大量床位闲置等现象。

▶ **老年人口低龄化，机构养老需求尚不显著**

老年人入住养老设施的节点主要是生活需要照料和护理的高龄阶段。尽管我国的老龄化程度在快速发展，但目前的老年人口中低龄老人比例较多，其生活自理程度较高，大多尚不需要入住养老机构接受护理服务（表2.1.1）。

不同年龄段老年人的身体状况分类比例　　表2.1.1

年龄段划分＼老人身体状况	完全自理	部分自理	完全不能自理
60~69岁（低龄老人）	90.13%	9.01%	0.86%
70~79岁（中年老人）	78.52%	19.23%	2.25%
80岁及以上（高龄老人）	55.08%	38.42%	6.50%

低龄老人自理程度较高，尚无须接收机构养老服务

高龄老人不能自理比例显著提高，需要入住养老机构

数据来源：2008年至2014年中华人民共和国国民经济和社会发展统计公报
图2.1.7　中国老年建筑床位与空置率变化（2008~2014年）

数据来源：第四次中国城乡老年人生活状况抽样调查（2015年）

第二章 中国老年建筑的发展状况与方向

当前老年建筑项目的建设问题②
社区养老设施建设存在的问题

▶ 社区养老设施重供给、轻需求

▷ 社区养老设施供给量呈现超常规发展

"十二五"期间，全国各地的社区养老设施供给量快速增加。以社区老年人日间照料设施为例，截至2015年12月底，全国社区留宿和日间照料床位数达到278.7万张[1]，总量相当于2010年5.8万张[2]的48倍。

▷ 社区养老设施利用状况不佳

虽然社区养老设施的总量在飞速增长，但从调研情况来看，老人真正有效利用的社区养老设施或服务的比例却很低（图2.1.8）。一方面，由于目前国家政策更多是从鼓励供给的角度出发，强调"补砖头"，还没有做到从需求出发、按需定制[3]，许多设施在建设时没有准确的市场定位，造成建设后与实际需求不符，最终导致长期空转甚至关闭。另一方面，社区养老服务水平和管理能力并没有随硬件设施的建设而配套跟进。例如一些日间照料设施由于缺少专业服务人员，难以开展相应的照护服务，只能变为面向健康老人的活动室、棋牌室，而真正需要日间照料的老人的需求并不能在社区养老层面得到满足。

▷ 设施建设缺少与地区需求的结合

通过对国外社区养老发展的研究可知，社区养老设施应与所在地区老人的需求紧密结合，并且由于各地需求的差异，会形成多种类型及建设形式。目前国内在发展社区养老设施时往往出现政策标准"一刀切"的问题，希望能用统一的建设规模、功能配置来指导建设，而缺少与各地区社区养老需求的结合，造成设施建设形式与地区需求不符、设施闲置等问题。

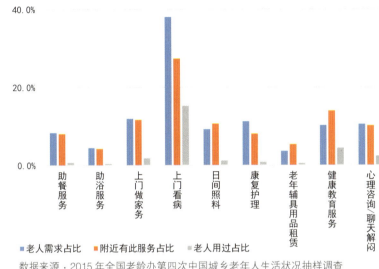

数据来源：2015年全国老龄办第四次中国城乡老年人生活状况抽样调查

图2.1.8 社区养老服务供给、利用与需求情况比较

> **小故事：去不了的社区日间托老所[4]**
>
> 家住北京胡同的陈奶奶去年因为突发脑血栓行走不便，女儿便打算送她到社区的日间托老所，以便白天得到照顾。但她们了解后却发现，这个托老所想去却去不了。陈奶奶说："托老所开门的时间是上午9点到下午6点，一来是我腿脚不太方便人家不收，二来就是人家收了我也去不成，他们不负责接送，而托老所上下班的时间正好跟我闺女上下班的时间冲突。"最终，陈奶奶也没能去成托老所，还是花3000多元雇了保姆。由此可见，老人对社区养老确实存在需求，但因设施所能提供的服务有限，导致老人的需求并不能得到满足，从而也造成了设施运转状况不佳。

---

1 参考自2015年第4季度各省社会服务统计数据，中华人民共和国民政部。
2、3 参考自国家发改委社会发展研究所课题组《中国老龄事业发展"十二五"规划指标体系修订及终期评估研究》（专家评审稿），2015年12月。
4 兰洁. 日间托老所为何空转 4000家日托所关了三分之二[N]. 北京晚报，2016-03-28. http://help.3g.163.com/16/0328/16/BJ8OPFTJ00964J4O.html.

第1节　中国老年建筑的现状与问题

国内老年建筑的设计现状与问题①
宏观认识层面

▶ **设计人员缺乏老年建筑设计经验及相关知识**

▷ **老年建筑项目增多，但相关设计经验不足**

与发达国家几十年甚至上百年的老龄化发展历程相比，我国步入老龄化社会仅十余年，无论是在城乡规划、城市空间环境建设层面，还是建筑设计、室内装修设计层面，都非常缺乏适老化的理念指导与实践经验。近些年随着老年建筑建设量的上升，许多设计人员都或多或少接触到了老年建筑的规划设计。然而由于之前并没有相关的设计经验，也缺少成熟的国内案例可供借鉴，导致设计时往往感到"无从下手"，不知如何做到与老人相关。还有一些设计项目简单套用国外的规划设计形式，却并未深刻发掘或领会对其设计产生影响的政策、服务管理模式、老人居住习惯等原因，导致设计结果并不适合中国国情。

▷ **对老年人的需求认识不深**

从现实情况来看，从事设计行业的人员大多为中青年人，他们对老年人的身心特征、居住需求并没有切身体会。国内虽然有一些对老年人的生理、心理特征的研究，但与发达国家相比尚有不足，特别是建筑设计层面的适老化研究一度存在很大空白。由于缺少相关的知识和专业教育，设计人员对于适老设计的认识往往仅停留在标准规范的要求层面，或者简单地认为"适老化"等于"无障碍"，并没有深入细致地观察和了解老年人的行为特征和他们的生活习惯。

▶ **对标准规范的执行和理解不当**

▷ **对标准规范片面地解读和执行，给设计造成约束**

近期国家编制修订了许多与老年建筑相关的标准规范，但在实际应用时，由于部分条文内容说明不细或解释不足，造成各地方的执行标准不一。一些审批部门为规避责任风险，将规范中的要求从严执行，导致对设计带来影响。

另外，目前标准规范中的部分条文对设计的目标解释不足，仅有指标性要求，这对于旧改设施项目会存在一定问题，例如一些空间难以满足相应的尺寸要求等，且规范中缺乏针对性的灵活处理措施，使得规范在实际项目中的应变性较弱。

▷ **对标准规范的理解相对死板，设计处理不灵活**

标准规范偏重于直接给出用房配置、面积指标、技术要求等结论，并未对其背后的形成过程或原因进行详细阐述。设计人员知其然而不知其所以然，在具体设计时，仅能固守规范要求，或照搬标准图示，例如在空间中留出许多轮椅转圈空间、加设很多扶手等，却未能在设计时根据实际需求进行灵活处理，造成设计方案较为死板。此外，由于缺少对项目策划及运营方案制定等全过程的参与，设计人员往往难以从全局的角度对设计方案进行整体的把握和协调。

国内老年建筑的设计现状与问题②
具体设计层面

▶ 设计思路和理念存在误区

▷ 照搬旅馆、医院设计思路

由于对老年建筑不了解,许多设计人员或开发商认为老年公寓与旅馆、酒店式公寓类似,养老院和医院差不多,设计时就按照旅馆和医院的思路来做。但却忽略了老年建筑的长期居住特征和服务运营模式,造成设计方案并不符合最终的使用及运营需求。

▷ 盲目追求豪华,不注重细节

国内许多开发商是从房地产、酒店业等领域转型到养老产业,在开发养老项目时不了解老年客群的需求,认为将硬件设施做得高端、豪华就能够吸引老人,然而却忽略了软件服务和与之相关的细节设计要求。

▶ 设计缺少对运营服务需求的考虑

▷ 设计未能与运营需求相结合

老年建筑项目在设计期间往往没有最终运营方的参与,开发商、投资方或设计人员都没有深入考虑过养老设施未来的运营模式,只是盲目地进行设计,导致项目建成后与实际运营团队的需求不契合,面临重新改造、装修的问题。

▷ 对护理及后勤服务需求关注不足

设计人员对养老设施的护理及服务模式缺乏关注,导致建筑空间给工作人员的服务和管理带来不利影响。调研时发现,一些养老设施由于护理站布局不当,造成护理人员服务流线过长;有的养老设施后勤辅助空间设计不足,影响了晾晒、清洁工作的开展等。

▶ 设计缺乏灵活性、多元性

▷ 设计缺乏长远视角,适应性考虑不周

老年建筑的空间并非是一成不变的,入住老人的类型、身体状况的变化和服务模式的调整,都会对建筑的平面布局、空间形式及面积提出新的要求。但许多老年建筑在设计之初并没有考虑到今后改造的可能。例如一些最初定位为健康自理老人的养老设施在运行后转型为护理型养老设施,需要重新划分组团形式、改变空间功能,但受到建筑结构或原有布局的限制,往往难以实现。

▷ 对老人需求的多元化、个性化认识不足

与发达国家相比,我国的老年建筑设计对老人多元化、个性化需求的关注尚显不足。例如在老人居室的设计中较少会考虑老人个性化布置的需求,往往采用统一的家具配置,留给老人自由调整的余地很少。养老设施的公共空间在设计形式和装修风格上较为单调,空间氛围的塑造不够丰富等。

第2节　中国老年建筑的发展方向　2-2

中国老年建筑的未来发展趋势①
走向社区化

▶ 回归社区是发达国家老年建筑发展的共性趋势

发达国家养老居住模式的发展历程普遍经历了由医院养老过渡到机构养老，再到居家和社区养老的转变过程。自20世纪中叶起，西方发达国家逐渐认识到，大量、盲目地建设养老院、护理院，让老人入住机构接受住院式照护的养老模式，不仅会使政府的财政负担日益加重，也不利于老人保持原先的生活方式和延续以往的社会关系[1]。近年来，日本、欧洲等一些发达国家开始倡导和推行让入住机构的老年人回归"社区照顾（community care）"，旨在最大限度地发挥社区的各类资源及其服务功能，让老人尽可能延长在原有社区中生活的时间，减少对机构养老设施的依赖[2]。

▷ 社区照顾理念对老年建筑发展产生的影响

在社区照顾理念的影响下，当前发达国家的老年建筑在建设策略逐步朝着社区化、小型化、家庭化的方向演化，并发展出两类主流的社区养老设施类型[3]：

1. 遵循"**在社区内照顾**（care in the community）"理念而设立的养老设施类型，主要指辅助生活老年公寓、持续照料老年公寓、社区内小型护理之家等。老年人居住在社区内专门的老年公寓或为老服务机构中，可获得专业人员的照顾，从而让老年人在他们熟悉的社区环境中生活。

2. 遵循"**由社区来照顾**（care by the community）"理念而设立的养老设施类型，主要指社区日间照料中心、社区老年人活动中心、社区暂托服务处等。这些设施通过连接社区与家庭养老资源，把社区里需要照顾的老人继续留在家里生活。

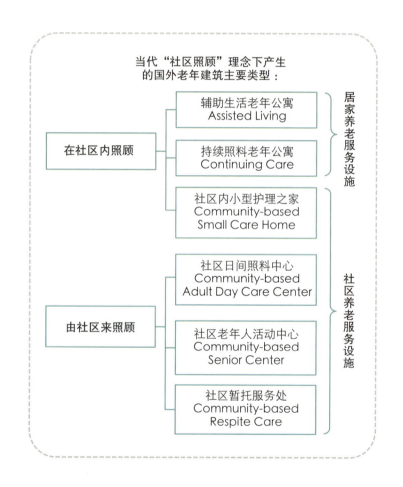

1　Schwarz B, Brent B.(eds). Aging, autonomy, and architecture: Advances in assisted living[M]. JHU Press, 1999.
2　Means R, Smith R. From poor law to community care: Development of welfare services for elderly people 1939-1971[M]. Policy Press, 1998.
3　Cox C B. Community care for an aging society: Issues, policies, and services[M]. Springer Publishing Company, 2004.

我国应积极探索和发展社区化老年建筑

中国现阶段正处于老年建筑发展建设的窗口期，不应再走发达国家的老路，盲目追求养老机构和床位数量，而应在结合我国国情特色的基础上，借鉴发达国家回归社区的发展理念，推进居家养老和社区养老，其原因如下：

原因1：中国的居住形态适合依托社区建设老年建筑

与一些发达国家相对分散和低密度的居住形态不同，中国城市的居住形态普遍是以多层、高层集合住宅为主，居住人口密度大，这意味着单位空间的人口会以较大的密度集中老化。这既是挑战也是优势。从空间层面看，近十几年来商品住宅开发建设所形成的一个个居住小区，为社区养老服务的开展自然划定了空间范围。基于既有的城市居住区空间形态，利用社区内的各项资源来发展居家养老及社区养老是适当且合理的。

原因2：发展社区养老有助于提高服务效率，节约社会资源

从服务层面看，由于居住形式相对集中，开展社区服务的效率会比国外分散化居住模式下的服务效率更高。因此相比大批量新建养老机构，基于现有社区条件改造或插建养老设施，让老人依托原先的住宅和社区就地养老，是符合中国老年人主流居住意愿且节约社会资源的最佳模式。

> **TIPS 社区化老年建筑的建设发展方向——社区复合型养老设施**
>
> 以往的社区养老设施通常以提供单一、特定的服务内容为主，例如社区日间照料中心、老年人活动站等，往往只在白天为前来设施的老人提供服务，能够同时提供长期居住、上门服务的设施很少。如果老人需要这些服务，就只能选择入住养老院或雇佣家政服务人员，这使得社区养老服务的承载力十分有限，也造成了社区养老设施发展的瓶颈。
>
> 社区复合型养老设施是指依托社区建设的可提供居住托养、日间照料、上门护理、康复保健等多种养老服务的多功能复合型养老设施。与传统的设施相比，社区复合型养老设施具有功能更集约、更能满足老人多样化需求，空间使用效率更高、更灵活等优势。从日本、欧洲等发达国家的经验来看，许多国家的新建设施都开始走向养老服务综合化、社区化的方向。

第2节　中国老年建筑的发展方向　　2-2

中国老年建筑的未来发展趋势②
走向类型细分和精准定位

▶ **建立明晰的老年建筑类型体系，有助于提升服务与设计质量**

发达国家老年建筑的发展经验表明，建立完善且层次清晰的老年建筑类型体系，对于明确服务内容、提升服务质量、规范设计标准均能起到积极的作用。当前发达国家老年建筑的类型体系和层次划分已相对完善，这与其养老政策及相关制度的发展成熟度有关。例如日本、美国及欧洲等国家通过法律或相关规定，明确定义了老年建筑的类型及服务属性。这样既便于老人根据自身需求选择相适应的机构，又有利于建立相对应的建设要求和服务管理标准，实现对服务和设计质量的细致管控。

▶ **我国的老年建筑需加强对需求的精准定位，逐步实现类型细分**

与发达国家相比，当前中国的老年建筑在类型体系和层次划分方面尚存在类型划分不清晰、定位不明确等问题。从现实状况来看，很多养老院的服务对象包含了不同健康状况的老人，由于这些老人的需求有很大差异，在服务管理模式上容易出现照护不周或其他困难与矛盾，不利于服务的精细化和针对性的开展。

未来随着相关政策及服务体系的逐步健全，我国老年建筑的类型划分也将逐渐明晰，从而实现对各个类型老年人群体需求的精准定位，并进一步促进服务标准与设计标准的建立与完善。

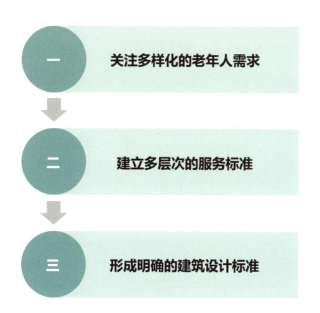

一　关注多样化的老年人需求

- 注重不同身体状况、不同支付能力的老年人群体的养老需求
- 重视特殊老年人群体（如失智老人、需临终关怀的老人）的照护需求

二　建立多层次的服务标准

- 明确与服务对象相对应的服务方式
- 根据对需求的精准定位，建立相应的服务管理标准

三　形成明确的建筑设计标准

- 划分多层次的老年建筑类型
- 实现设计与建造的标准化和精细化

第二章　中国老年建筑的发展状况与方向

中国老年建筑设计的发展方向①
倡导更丰富的设计理念

▶ **老年建筑设计理念正在得到不断扩充和完善**

从发达国家近百年的老年建筑发展历程中可以看出，老年建筑的设计理念一直在不断地得到扩充和完善，变得更为充实和丰富。例如，约从20世纪中期开始，西方逐步摒弃最早以医院为原型的养老设施建筑形式，开始强调养老设施设计的人性化，包括在建筑空间实现居家化（去机构化）、正常化、保护隐私与尊严等设计理念。近几十年来，随着健康老龄化和回归社区照顾运动的推行，又有许多强调健康老龄和强调社会融合的设计理念被逐步提出和实践。目前来看，当前发达国家已经形成了较为多层次的、系统化的老年建筑设计理念体系。

当代国外老年建筑的设计理念举例 [1]　　表 2.2.1

强调人性化	强调健康老龄	强调社会融合
· 居家化（去机构化） Domestic	· 安全性 Safety	· 设施向周边提供养老服务 As an elderly care resources for local
· 正常化 Normalness	· 就近医疗 Proximity to health service	· 老人到周边社区便捷可达 Community accessibility
· 保护隐私与尊严 Privacy & Dignity	· 空间可识别性 Orientation/Legibility	· 参与丰富的公共活动 Meaningful activities
· 舒适性 Comfort	· 环境疗法 Therapeutic environment	· 方便与外部社会交流 External interaction
· 个性化、可选择性 Personalization/Choice	· 刺激五感 Stimulation ……	· 促进亲友、青少年参与 Family, friends and youth involvement
· 自主性、独立性 Autonomy/Control/Independent ……		· 强调员工、访客参与 Staff and visitor involvement ……

▶ **我国应进一步丰富老年建筑设计理念的内涵**

近些年来，我国在老年建筑方面正在不断进行实践和探索，特别是在养老设施的开发与设计方面已经具备了一定的经验。未来我国老年人的经济条件和教育水平还将继续提高，老年人对生活环境和建筑环境品质的要求也会越来越高。这就要求我国在老年建筑的空间规划与设计方面，需要继续进行理念上的创新和探索，例如在设计中融入康复医养服务、加入景观环境疗法等，以满足我国老年人不断提高的、多样化的养老服务需求。

1　主要参考资料：
Regnier V. Design for Assisted Living: Guidelines for Housing the Physically and Mentally Frail[M]. John Wiley & Sons, 2003.
Schwarz B, Brent B.(eds). Aging, autonomy, and architecture: Advances in assisted living[M]. JHU Press, 1999.
Zimmerman S, et al. Assisted living: Needs, practices, and policies in residential care for the elderly[M]. JHU Press, 2001.
Perkins Eastman. Building type basics for senior living[M]. John Wiley & Sons, 2013.
Brawley E C. Design innovations for aging and Alzheimer's: Creating caring environments[M]. John Wiley & Sons, 2005.

第2节　中国老年建筑的发展方向　　2-2

中国老年建筑设计的发展方向②
倡导设计与运营服务要求相契合

▶ 老年建筑设计应配合运营服务需求

发达国家的经验表明，老年建筑的后期运营管理与服务需求是设计时非常重要的依据，它会对建筑的功能配置、空间布局等方面产生深刻的影响。发达国家在老年建筑的发展过程中，逐步积累了丰富的项目开发设计和运营管理经验，形成了一套与运营服务紧密配合的设计模式。

在设计中体现运营管理方式	在设计中兼顾服务质量和服务效率	在设计中兼顾对外服务需求
在发达国家，老年建筑的空间形式选择一般与项目的后期运营管理方式有关。例如，在国外的老年护理院（Nursing Home）设计中，往往在建筑中采用组团化的平面布局形式，目的是获得小型、近便、独立的运营管理单元，从而与该国所提倡的养老设施管理及护理方式相符。	从国外许多老年建筑项目的空间设计中可以看出，建筑师在为老年人塑造优美的、高质量的生活环境的同时，还力图通过巧妙的空间布置和流线设计等方法，提高工作人员的服务质量和服务效率。例如，有些设计将护理站与开敞厨房、咖啡台等其他公共服务空间合并设置，从而既提高了护理人员的服务效率，又增进了护理人员与老年人之间的感情，提高了主观服务质量。	近些年来，在日本、欧洲等国家，有越来越多的老年建筑供应商开始尝试在项目中提供更多的公共服务内容，以进一步拓宽经营范围、提高社会影响力。为此，许多项目创造性地将老年建筑与社区活动中心、幼儿园、青年活动中心等设施合建，还在建筑中提供多代游戏空间、社区课堂等公共服务设施。这些对外服务内容，一般早在项目的前期策划阶段就逐步明确，并写入了项目建筑设计任务书。

▶ 我国应进一步探索本土化的运营服务方式对建筑设计的影响和要求

由于文化背景、经济水平、法规政策等社会条件存在差异，国外有关建筑设计配合运营服务的经验和方法，虽可作为我国老年建筑设计的参考和借鉴，但不宜全部照搬。我国需要注重挖掘本土化的运营服务的特点，以及对建筑空间设计的影响和要求。例如，我国养老设施项目的总体规模，普遍比日本、英国等发达国家同类设施的规模更大，而且我国一些地区的护理人员仍较为短缺，因此，在我国一些老年养护院项目的设计中，可能需要采用比国外面积更大、床位数更多的护理组团形式，以符合项目的总体规模和人员配置条件。

中国老年建筑设计的发展方向③
倡导设计的前瞻性

▶ 老年建筑设计应着眼于未来发展需求

目前,发达国家已经越来越重视在老年建筑项目设计中融入可变性设计、可持续性设计、智能化设计等较领先的设计方法和技术手段,以适应未来不断变化的养老市场需求和社会政策环境。

在设计中预留改造余地

在发达国家,许多建成较早的老年建筑项目都逐步显现出了空间改造和升级需求。例如,随着西方老年人对私密性要求的进一步提高,曾经在欧洲养老设施中常见的多人护理间,已被逐步改造为单人间等私密性更强的居室形式。在这一过程中,有许多老旧设施由于在当初缺乏改造考虑,而出现改造难度很大,甚至难以改造的情况。因此,在欧洲不少新建养老设施项目中,都对居室空间和公共空间等的改扩建方法进行了预见性设计,以降低未来拆改的难度。

在设计中结合绿色可持续技术

从20世纪90年代左右开始,以美国、英国为代表的西方国家,开始从国家政策上加快推行绿色建筑及相关节能技术应用的步伐,从而促进了绿色技术在老年建筑中的深入应用。这些国家的实践表明,当采用一系列绿色节能技术和管理措施后,老年建筑的日常能耗可以得到明显下降,不仅有效降低了建筑的长期运行成本,同时还获得了主观舒适度更高、更加适老宜居的养老居住环境。

在设计中融入智能化等新型技术

近十几年来,西方许多新建老年建筑项目正在不断尝试与快速发展的高新科技及产品相结合,并将其融入建筑设计之中,从而形成项目特色。例如,在美国、欧洲等国家的许多新建养老设施中,都能看到五感治疗室,内部用缤纷的声光效果和智能化互动产品作为治疗媒介,改善老年人的生理和心理健康状况。这些新型技术与产品的应用,进一步提高了老年建筑的服务质量,并且为老年建筑的创新设计提供了更多思路和技术支撑。

▶ 我国老年建筑设计应具有前瞻性

我国老年建筑正处在不断创新变化的发展过程中,从西方的经验中能够看出,我国的老年建筑设计不仅需要满足当下需求,还需要考虑未来可能的空间改造以及硬件升级等方面的项目长期发展需求。这就要求在项目的用地规划、结构设计、空间布置、设备选型等方面留出一定的改造和升级余地,以便未来根据市场和服务需求变化进行改造和更新。

第三章
项目的全程策划与总体设计

第 1 节　项目的全程策划

第 2 节　使用方的空间需求调研

第 3 节　建设规模与建筑功能配置

第1节　项目的全程策划

项目全程策划的概念与任务

▶ "全程策划"的重要性

养老设施的项目开发，涉及规划、建筑、运营等多个相对独立而又彼此相关的环节，开发过程相对复杂，参与方也较多。因此，在前期开发阶段，需要明确项目的可行性、统一开发思路并统筹各方资源，这就需要进行系统的"全程策划"工作。

▶ 养老设施项目"全程策划"的概念

"全程策划"指在各种约束条件下，为实现养老设施项目的投资目标，在符合有关法律及技术要求的前提下，对项目定位和工程建设等进行创造性的、细致的科学规划，全程策划的结果将成为认定项目的可行性、并指导下一步具体开发工作的主要依据。全程策划工作一般是在项目立项之后随即开展的工作，通常是由项目的开发方、投资方或所有者，通过聘请策划师或委托专业策划机构的方式，实施项目的全程策划工作。全程策划的常见成果形式为项目开发计划书（或可行性研究报告书）及相关文件。

养老设施的全程策划工作可大概分为项目定位和制定开发计划两个阶段。项目定位阶段的主要任务是初步确定项目的可行性和总体定位。制定开发计划阶段的主要任务是把战略层面的项目总体定位转化成具体的行动方案，以指导后续开发工作。

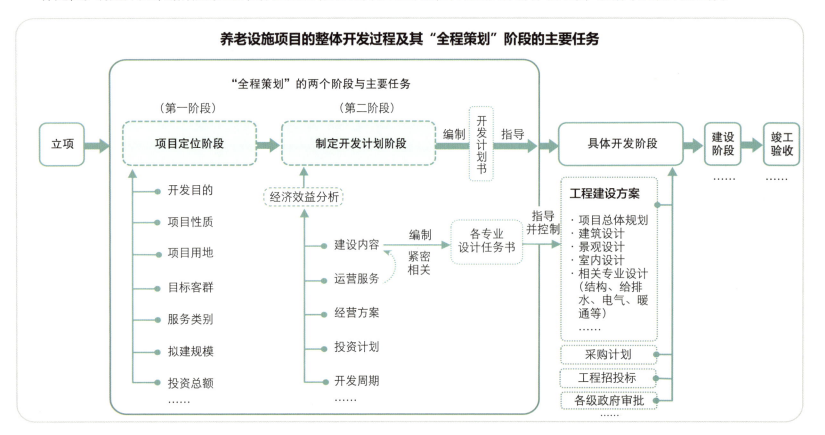

养老设施项目的整体开发过程及其"全程策划"阶段的主要任务

项目全程策划的常见问题

▶ **我国养老设施项目"全程策划"过程中的常见问题**

问题1：前期客群定位模糊，导致难以确定产品细节

我国养老设施项目在前期开发阶段，通常缺乏对当地老年客群的详细调研与定位，结果导致后续的开发与设计工作无据可循。例如，由于未对目标客群的人口分布、生活风俗、住房习惯等信息进行详细调查与梳理，导致在对项目的建设规模、公共配套、居室户型、室内风格等做出抉择时缺乏事实依据、难以确定。随着项目继续推进，客群定位模糊还会导致建筑设计与客群需求不吻合，或者由于不断修改客群定位而导致设计方案被反复推翻，耽误项目工期。

问题2：策划内容不符合项目现实条件，难以落地

我国某些养老设施项目在客观环境尚不适宜、相关资源不到位的情况下，贪大求全，策划出很多对资源条件要求较高的项目内容（如老年大学、术后康复中心等）并纳入效益计算之中。然而，由于地理位置不适宜、无法找到合适的运营团队等多种原因，导致项目在开业后出现服务承诺难以兑现、房屋大量空置等状况，给日后经营和市场声誉造成长期不利影响。

问题3：策划中缺乏对运营服务相关要求的考虑

在养老设施的前期策划阶段，需要多听取来自运营方、行业专家等方面的意见。当前我国仍有许多开发投资方尚未充分认识到这一点，往往按照传统房地产开发思路快速推进，直到开发后期，才着手咨询相关专业人士、寻找运营团队。当发现项目建设内容和空间设计不符合运营要求时，项目施工方案往往已经获批并开工建设，甚至有的项目已结构封顶，难以做出实质性的更改，结果陷入两难窘境。最终，导致一些项目的建成空间使用不便或需要二次改造，这不但增加了项目后期的运营成本，也加大了运营方的管理难度，甚至会影响到运营方接管项目的信心。

问题4：在前期策划阶段难以获得运营方的有效建议

一方面，我国社会力量参与养老事业发展的时间尚短，目前专业的养老设施运营团队数量少且大多经验不足，这往往导致开发投资方难以在项目的早期开发阶段顺利找到合适的运营方，因此也难以在开发初期获取运营方对项目的要求和建议。另一方面，近几年来随着传统的养老院运营模式逐步更新，失智老人照料、日间照料等新型服务模式逐渐出现，而很多运营团队仅熟悉过去传统敬老院式的运营方法，而不了解新型养老设施的运营模式和理念，缺乏相关经验。如此一来，即便这部分运营团队介入了新型养老设施项目的前期策划工作，也可能很难提出具体的需求和有效的建议，从而导致前期策划对运营需求的考虑不充分。

第1节　项目的全程策划

3-1

项目定位阶段的任务及建议

▶ 项目定位阶段的主要任务及相关建议

在养老设施的项目定位阶段，需要对项目的**初步可行性**和**项目定位**等多个焦点性问题做出战略性抉择。在这个阶段，通常需要进行广泛的前期市场调查和分析工作，以提高项目定位的准确性，相关建议可参考以下内容：

▷ 任务 1：论证项目的初步可行性

论证项目初步可行性的意义在于尽早认清一个项目是否具有开发价值、是否存在市场机会，以及是否具备相关资源条件。认定项目的初步可行性，可为赢得政策支持、申请建设批准、吸引社会投资等打下基础。可行性的初步论证，依赖于广泛搜集有关市场和项目开发的各类信息，并据此判断：**项目开发是否必要，以及项目是否具备建设养老设施的资源条件**，例如，可从以下几个问题出发，对项目的初步可行性进行考察：

√ 是否清楚该项目当前以及未来的目标服务对象？

√ 是否具备市场竞争优势？（例如具备护理及医疗服务优势、生活环境优势、价格优势等）

√ 是否能够得到政府的资金、政策支持？是否与当地政府倡导的养老服务发展方向一致？

√ 是否能够找到合适的合作伙伴？（包括运营服务方、餐饮、洗衣等服务供应商等）

√ 是否能找到合适的选址？如果已有备选用地，则在考虑周边的环境、医疗、交通等条件之后，判断是否适宜建设养老项目？

√ 是否会遇到较大的规划建设困难？（例如在用地、施工、运输等方面的困难）这些困难能否被克服？

√ 资金是否充足？投资回报期待是否合理？

√ 是否具有重要的社会意义？

√ 是否对该项目的长远发展已有初步规划或设想？

▷ 任务 2：做出项目的定位抉择

确定项目可行性之后，还需要对有关项目定位的关键问题进行抉择，包括项目性质、项目用地、目标客群、服务类别、拟建规模、投资总额等，相关建议包括：

√ 广泛听取各方对项目定位的建议

收集来自同行、专家、合作方等各方对项目定位的建议，并充分了解有关用地选择、客群定位、长期发展等方面的思路、方法和个中利弊，从而为项目定位找到更多有价值的参考信息。

√ 缩小并明确目标客群范围

对项目的主要服务对象进行界定，从而有针对性地进行产品策划（包括价格定位、服务类别、配置标准等），这有助于突出项目特色，在市场中实现差异化竞争。

√ 根据项目需求，明确选址标准

制定选址标准，并对可选用地进行评判，明确项目对用地选址的特殊要求、可选用地的相对优势及劣势等，并择优选择项目用地。

√ 思考项目的长期发展需求

此阶段还需要对项目长期发展的相关资源需求进行初步设想和规划，包括分期开发需求、业务拓展需求等，以及相关用地规划和资金安排等。

第三章 项目的全程策划与总体设计

项目定位阶段的工作内容

项目定位阶段的主要工作内容（举例）

了解项目外部资源环境

熟悉当地养老政策法规与政府导向

- 了解当地政府鼓励发展的养老服务方向和领域。
- 掌握当地相关法规与优惠政策。
- 掌握当地民政局、规划局、消防局等部门的特殊要求（如床位数量、服务价格、补贴条件、消防要求等）。

调查当地养老资源与市场发展状况

- 调查当地医疗卫生资源情况。
- 调查当地基本生活设施情况（如公共交通、生活配套、文化教育、体育娱乐等设施的情况）。
- 走访当地养老机构和周边同类设施，了解运营现状与难点，并分析项目与周边竞品在市场竞争中的比较优势和劣势（如服务水平、地理位置、资金运作等）。
- 寻找可供合作的当地第三方服务机构（如医疗、餐饮、洗衣服务提供商等）。
- 寻找投资伙伴。

厘清项目自身资源条件

收集项目开发信息

- 明确开发目的，如政府示范工程、新增连锁项目、企业转型项目等。
- 明确项目性质，如非营利（公益性）项目、或营利性项目等。
- 评估开发投资方的相关经验和资源条件。
- 如是改、扩建项目，还应考察先期项目的具体情况（包括产权归属关系、经营性质、资金来源、服务对象、服务类别、经营业绩，以及用地性质、建筑形式、房屋年代等）。

掌握用地相关情况

- 评估用地的区位条件，包括用地在城市中的位置、交通可达性、周边各类公共服务设施（如医院、商店、公园、车站等）的配置状况等。
- 了解用地周边环境，包括用地周边的道路、建筑、自然景观等。
- 分析用地基础资料，包括地形地貌、地质特征、市政基础设施状况等。
- 明确用地规划条件，包括用地范围、控制指标等。

调查市场和客群需求

研究当地老年客群并确定目标客群

- 分析当地老年客群特点，如引用客观指标（老年人口数量、分布、年龄、健康、收入、居住状况等），分析客群的规模、类型、现状以及养老服务需求。
- 分析当地养老市场的特点，如引用客观指标（历史床位供给情况、市场份额占有情况等），分析养老设施与养老服务的市场缺口。
- 根据老年客群特点、市场缺口、总体开发战略等因素，综合确定目标客群。
- 针对目标客群，确定项目类型。

思考长期发展需求

- 分析当地老年客群在未来可能逐步出现的新的服务需求，以及与项目业务拓展之间的关系。
- 分析项目的分期开发需求。
- 根据项目的近期和长期发展目标，估计项目的拟建规模和投资总额。

第1节 项目的全程策划

开发计划制定阶段的任务及建议

3-1

▶ **开发计划制定阶段的任务及相关建议**

开发计划制定阶段通常会对整个开发周期进行1~3年，甚至更长时间的规划，并对如何开展投资、建设、运营等一系列工作进行深入论证，同时会对人力、物力等资源进行周密的安排。此外，在开发计划阶段，还需要对政府审批、项目招投标等相关事宜进行明确，并对可能遇到的开发难点和问题给予重点关注、提出对策。对这一阶段的建议如下：

▷ **与项目参与方、政府部门和专家顾问深入协商开发计划细节**

有许多因素会影响养老设施项目的投资、建设、运营策划，而且这些因素相互关联和制约，因此容易出现策划方案不唯一、令人难以抉择的局面。此时通常需要与项目的各个参与方、相关方进行进一步的细致沟通，以找出相对最佳的方案，包括：

- 与项目各个参与方进行深入协商，从而平衡各方诉求，并对开发方法和步骤达成统一意见。
- 与相关政府部门进行认真沟通，避免策划方案不符合相关规定、或与政策导向不符。
- 听取相关行业专家顾问的观点，以辨析开发难点并得到实用的建议，包括判断策划合理性、分析项目的盈利能力、知晓潜在的风险等。

▷ **留意多种因素对建设内容策划的影响**

建设内容策划包含对总建筑面积、功能区域、房间类别及面积配比等方面的策划，是开发计划制定阶段的主要任务之一。建设内容策划对后续开发的影响重大，特别是对建筑设计等工作的影响最大。项目的建设内容不但会受到目标客群、项目性质、投资总额等项目定位方面的影响，还会受到**资金来源**和**运营调整**等其他方面的影响：

资金来源对建设内容的影响

地方政府可能会对某些养老设施项目提供建设补贴、运营补助等政策优惠。但是，这些优惠政策还可能同时对建设规模、服务类别、定价收费、收住对象等方面提出特定的要求。这些要求将直接对项目的床位数量、配置标准、装修档次等建设内容产生影响。

因此，如果确定要申请此类补贴，则须在开发计划制定阶段详细了解并掌握相关政策的申请条件和限制。

运营调整对建设内容的影响

养老设施在建成运营后，为了适应市场变化，可能需要对项目的运营方式进行一定调整，例如开辟新的服务项目、调整服务对象等，这往往需要建筑功能和空间设计等方面也相应调整。因此，项目建设内容策划时需要考虑后续可能的运营方式调整而导致的改扩建需求。相关情形可与项目的经营方、运营方及业内专家顾问进行前瞻性讨论，例如：

- 经营方面，未来是否计划新增经营服务项目（如增加康复服务、失智照顾、日间照料服务等）？需要为此预留多大的发展用地和建筑面积？
- 运营服务方面，未来老人的平均护理程度是否会发生改变？到时可能出现哪些改扩建需求？
- 还有哪些经营、运营方式的调整将引起一定的功能和空间需求变化？如何在建设内容策划中涵盖这些需求？

开发计划制定阶段的工作内容

制定开发计划阶段的主要工作内容（举例）

明确运营方式

明确运营服务方案

- 寻找并确定项目的运营管理方，并明确其责任范围。
- 确定项目的运营服务方案，包括服务项目、管理方式、日常服务方式（如老年人的护理方式、就餐方式、洗浴方式等），以及相应的空间需求（含房间类别需求、面积需求、布局需求等）等。

明确经营方案

- 确定项目的基本类型与功能（如综合养老服务设施、日间照料等）。
- 确定项目的经营方案，包括营利性质（即营利、非营利）、运营模式（如公办、民办、公办民营等）、收费方案（如保证金、床位费、护理费、餐饮费等的收费方法及额度）等。

确定建设内容和要求

明确建设内容和建设规模

- 对项目各个部门和功能区的使用面积需求进行测算；须考虑未来3~5年，甚至更长时间的扩建需求。
- 形成一个有关床位数、房间类别及面积配比等的建设内容清单。
- 将交通及设备用房等附属面积计入总建筑面积，并计算投资总额。

明确空间需求和建设要求

- 对运营服务方（或运营顾问）进行详细的空间需求调查，并整理得出与运营相关的"空间需求清单"，其中须包含对房间类别、面积、设备及家具布置等方面的需求描述，如写出需要员工更衣空间供男女各多少人使用等。
- 在经验丰富的建筑师和运营负责人（或运营专家）的协助下，结合"运营相关空间需求清单"和项目定位与开发要求，确定项目的建筑空间需求和建设要求，从而为编写建筑设计任务书提供依据。

完成投资计划与经济效益分析

明确投资计划和开发周期

- 分析项目的投资优势和市场竞争力。
- 明确项目的投资计划，包括对所涉及的人力、物力、财力进行详细规划（项目团队组建计划、物资调配计划、投资估算等）。
- 明确项目的开发周期和时间策略，包括明确需要进行报审的事项内容和时间节点，明确项目施工计划等。
- 明确项目的主要风险和规避策略，包括对工期延误风险的控制措施等。

进行经济效益论证

- 检查项目的运营和财务前景，并制定一份务实的财务运作计划。
- 尽量通过易于理解的方式向利益相关方（如运营服务方、服务提供商）阐述财务运作计划。
- 如果部分投资来自银行贷款，还需要证明项目的还贷能力。

第1节　项目的全程策划

3-1 "开发计划书"的主要编写内容

▶ **养老设施项目"开发计划书"的主要内容**

作为养老设施项目全程策划工作的成果文件,"开发计划书"通常需要包括以下几部分的内容,以形成全程策划的成果文件。

养老设施项目"开发计划书"编写大纲参考示例

1. 概述
- 项目开发计划全貌

2. 项目意义与背景
- 开发投资方简介
- 建设背景与必要性
- 项目开发战略目标
- 项目业态与产品类型
- 先期项目介绍(如改扩建项目或连锁经营项目的先期情况回顾)

3. 市场描述与客群定位
- 市场发展回顾与未来趋势展望
- 市场需求情况
- 现有市场供给状况
- 项目的市场竞争力
- 典型老年客群分析
- 目标市场与客群定位

4. 建设规模与用地
- 拟建项目规模
- 建设用地条件(含区位条件、周边环境、市政设施、配置状况等)

5. 外部协作条件
- 合作方简介(如运营方、外部服务供应商、医疗合作方等)

6. 运营方案
- 产品定位(业务范围与服务对象)
- 服务方案(服务项目与管理方式)
- 经营方案(营利模式与收费方案)

7. 规划建设方案
- 用地勘测、施工与市政条件分析
- 规划建设内容(含功能分区、建设内容、规划指标等)
- 施工计划和进度要求安排
- 建材供应与运输条件
- 环境保护与劳动安全

8. 投资估算与资金筹措
- 总投资估算
- 资金来源
- 资金筹措方式
- 资金使用方式

9. 经济效益分析
- 先期项目财务回顾
- 项目盈利能力分析(成本、收入与利润分析)
- 偿贷能力分析
- 财务评价与预测

10. 社会效益分析
- 项目的综合社会价值分析(如对劳动就业、旅游事业、健康事业、地方财政收入、环境可持续发展等方面的影响和预期贡献)

11. 风险控制
- 项目主要风险及规避措施(如投资风险、工程风险等)

12. 结论及相关材料
- 项目开发主要问题和建议(并附上相关总结报告及证明文件,如市场调查报告、运营计划书、建筑设计任务书等)

全程策划要点①

广泛咨询相关人士

▶ **可参与养老设施项目"全程策划"咨询和协商的人士**

"全程策划"咨询和协商工作的参与对象，一般可根据策划工作开展阶段确定。在最早期的初步可行性论证阶段，参与对象以对项目开发具有重大决策影响力的人士为主，包括项目参与方负责人和相关专家顾问等，例如：开发投资方和运营方的负责人、民政和规划等政府部门的官员代表、合作方负责人，以及运营服务专家、规划设计专家、法律顾问等。在之后的开发计划制定阶段，参与对象还会涉及更多的参与方和相关方人士（包括建筑师、工程师、运营服务方、服务供应商、客户代表等），从而为策划细节的确定提供更加具体、详细的帮助。

养老设施项目全程策划的主要参与方和相关方（举例）

项目参与方		项目相关方	
开发投资方	**其他参与方**	**相关政府职能部门**	**相关专家顾问**
・投资开发部门	・项目运营方	・国土资源管理部门	专家顾问：
・设计部门	・有偿服务供应方（如送餐、洗衣、清洁服务提供商）	・住房和城乡建设部门	・市场分析师
・工程管理与招标部门（负责建筑、设备、家具的供货招标等）	・无偿服务供应方（如提供义工服务的志愿组织、非营利性民间团体等）	・规划部门	・运营服务专家
・财务部门		・统计部门	・老年医学专家
・策划部门		・民政部门	・建筑设计专家
・市场营销部门		・工商部门	・建筑施工专家
・客服部门		・医药卫生部门	・投资预算顾问
		・消防部门	・法律顾问
		・教育部门（如讨论附设幼儿园、青少年教育基地等）	其他顾问：
		・环境保护部门	・老年客户代表
			・能提供同类项目学习参观机会的运营商、开发商

第1节　项目的全程策划

全程策划要点② 选择并确定目标老年客群

▶ 结合项目资源条件，细分并确定目标老年客群

养老设施项目中目标客群的确定，首先与项目内、外部的资源条件有关，包括政策条件、以往客群积累、品牌定位、项目区位和用地情况、开发投资方与合作方实力等。其次，还与市场的客群情况有关，包括客群的消费倾向、消费差异等。一般来说，导致养老设施的客群产生消费差异的主要因素包括：支付能力、身体和健康状况、人缘与地缘关系，以及产品偏好等。

在确定项目的目标客群之前，需要先根据客群的消费倾向和消费差异，辨别市场中的典型客群（即进行客群细分），然后再结合项目的内、外部资源条件，对典型客群进行取舍和选择，以确定项目的目标客群。对以下几个因素进行细致的考察，将有助于细分并找到项目的目标客群：

▷ 调查客群的身体和健康状况

老年人通常希望根据自己的身体条件和照料需求选择具备相应服务和配套的养老设施入住。一般而言，较健康的老年人通常希望获得良好的生活照料服务和丰富的娱乐休闲服务，而半失能、失能老人更关注获得专业的护理服务和及时的医疗服务等。

▷ 研究客群的支付能力

不同支付能力的老年人对环境和服务的要求通常会有所不同，从而导致项目环境配套和服务内容的差异性。例如，中低收入的老年人可能更重视基本生活和照料条件，而较高收入的老年人除了对环境和服务质量有较高要求外，还可能希望得到预防保健、康复治疗等附加服务，以及文娱、教育等精神层面的服务及配套设施。

▷ 考察客群与项目之间的人缘与地缘关系

有些老年人与项目的人缘或地缘关系较为紧密。例如，老年人家住项目附近（具备地缘关系），或者亲戚朋友、以往同事等对项目较为认可并向其推荐（具备人缘关系）。这些与项目关系较紧密的老年人群，通常更有可能成为项目的目标客群。

▷ 理解客群的文化、职业背景差异等所导致的不同产品偏好

在对项目的价格、服务内容地理位置和硬件设施等因素都比较认可的前提下，有些老年人还会根据个人的主观喜好来选择养老设施。例如，由于文化风俗、审美倾向等个人因素差异，一些老年人会对不同的产品设计（包括品牌形象、装修风格、服务形式等）产生认同感。又如，有些老年人会关注项目其他入住者的职业背景、教育水平等方面是否与自身相似，是否有共同话题和兴趣爱好等。由此看来，了解和满足不同老年人的产品偏好，也是在定位目标客群时需要考虑的。

养老设施目标客群定位示例（以北方某养老设施为例）

项目的资源条件（概述）

市场情况

- 市内的护理床位数供给不足，现有养老设施的入住率很高。
- 周边缺乏护理型养老设施。
- 周边缺乏老年人活动场所。

政策条件

- 政府希望以服务本街道老人为主，并要求配建老年活动中心。
- 开业运营后，根据入住老年人的护理程度，每月可获得床位补贴费。

以往客群积累与品牌定位

- 开发投资方首次投资开发养老设施项目，不具备以往客群资源。

区位和用地情况

- 项目位于城市成熟社区内，所在地段交通便利、购物便捷、邻近多家三级医院。
- 项目用地原为本街道的办公建筑，用地面积较小、且不允许加建扩建。
- 项目用地紧邻公园、附近街道步行设施完善。

开发投资方与合作方实力

- 开发投资方为当地一家民营企业，具备一定的资金实力。
- 运营合作方已在当地经营着一家养老设施，具备一定的运营管理经验。

市场中的典型客群（概述）

- 项目周边有大量住宅区，老年人数量多，且许多老年人曾在项目周边地域的单位、公司工作过，与项目的地缘关系紧密。

- 周边有多个国企单位大院，居住着大量本地退休职工，这些老年人家庭的平均支付能力为中等水平。他们之中有较高比例的高龄老人，且几乎都住在过去由单位分配的老旧单元住宅楼里，楼内没有电梯，上下楼困难。这些高龄老人由于身体状况普遍较差，因此多数需要家人长期照顾，就近入住养老设施的意愿较强。

- 项目周边还有多个新建的商品房小区，小区内大部分家庭的平均支付能力为中高水平。小区内居住着一定比例由外地随子女迁入的老人，他们普遍为低龄老人且与子女同住，常帮助照顾孙子女。这些低龄老人的身体状况普遍较好，大多喜好集体活动，希望能经常参加文化娱乐活动，就近使用老年活动设施的意愿较强。

- 经问卷调查了解到，周边老年人的节俭意识较强，在产品偏好方面更强调养老服务的丰富性及设施的经济性和实用性。

项目定位

开发目的：重点解决本街道的机构养老问题和社区养老问题

项目性质：小规模多功能的老年养护设施（非营利性质，含老年养护院和老年活动中心）

项目用地：用地面积约 3000m²

目标客群

- 老年养护院目标客群： 周边居住的高龄老人（以附近国企单位大院的退休职工为主）
- 老年活动中心目标客群： 周边居住的低龄老人（主要包括附近国企单位大院的退休职工，以及附近新建小区中随子女迁入的外地老人）

服务类型：以提供长期养老护理服务为主，并提供社区老年活动室、老年餐厅等社区养老服务空间

拟建规模：提供约 80 张养老床位，总建筑面积约 4000m²

第1节　项目的全程策划

全程策划要点③
考虑区位和用地条件

▶ **项目总体定位要与用地所在区位相匹配**

城市中不同的区位通常具备不同的交通和生活配套条件；开发投资方应谨慎判断项目用地及所在地段的内、外部资源条件和客群需求特点，并据此制定开发策略。

城市中心区

· 区位特征：土地资源稀缺，人口密度大，老龄化程度较高，城市配套设施成熟

· 项目定位（举例）：如面向高龄（80岁以上）失能老人客群，可开发护理型养老设施，或开发社区小型多功能养老服务设施

城市近郊

· 区位特征：土地资源较为有限，人口密度适中，配套设施相对完善

· 项目定位（举例）：如开发老年公寓项目，或在全龄社区之中（或附近）开发规模适中、面向中高龄老人（65~80岁及80岁以上）的综合型社区养老服务设施（可收住一定比例的健康自理老人）

城市远郊/风景区

· 区位特征：土地资源充足，人口密度不高，自然环境条件优越

· 项目定位（举例）：如在活力老人社区，以及候鸟、度假类养生养老项目之中（或附近），开发规模适中、档次中高、面向中高龄老人的持续照料型养老服务设施（收住较高比例的健康自理老人，并提供终身养老及护理服务）。

▶ **选择养老设施项目用地的参考标准**

为拟建的养老设施项目选择合适的用地是项目策划阶段最重要的工作。选择项目用地时需要考虑的条件很多，涉及土地获取、目标客群分布、服务供应商要求、周边竞品分布等许多因素，需要大量的调研工作。一般适合开发养老设施项目的用地需要具备以下几个条件：

周边公共交通便利	项目用地应靠近公共交通站点（地铁站、公交站等，步行时间在十分钟以内），便于老人前往、家属探望和工作人员通勤。	**周边生活配套齐全**	养老设施周边应具备较为齐全的生活配套设施，如超市、银行、药店等，以方便老人的日常生活，并利于老人维持社会联系。
邻近成熟居住社区	周边地区的老人是养老设施最直接的客群来源；提供与周边老人收入水平和需求相匹配的养老服务和设施建筑，将有助于尽快提高入住率。	**位置明显易于寻找**	项目用地应选在街区中较易被发现的位置，便于人们找到、或在途经时看到，这也有利于提高项目知名度。
邻近医疗卫生机构	为实现上门医疗服务或方便老人就近就医，养老设施最好邻近医疗卫生机构；特别是主要面向失能老人的项目，应当尽量靠近医院设置。	**用地规模大小适宜**	养老设施项目的用地规模不宜过大，否则会使老人产生被孤立的感觉，同时将加大项目的运营难度。

全程策划要点④
思考建设与服务的长期发展需求

▶ **"全程策划"应对项目未来的需求变化进行一定的预测和建议**

随着社会的进步、科技的发展、人口老龄化程度的进一步提高，老年客群对服务和居住的要求也将不断发生变化。例如，未来老年人可能更加倾向于社区养老、护理需求将随高龄老人数量的增加而增加、老年人会更擅长运用先进的科技产品，且老年人将对养老空间环境品质提出更高的要求。因此，在对项目进行养老服务和配套设施策划时，需要对这些长期发展和变化的问题予以考虑，并提出一定的前瞻性建议和要求，从而为项目适应未来市场和客群的需求变化做好一定的准备。

养老设施项目策划须考虑的长期变化因素和对策的举例

未来可能增加社区居家养老服务比重	未来需要应对更多高龄老人	未来需要融入更多前沿科技产品	未来可能提高居住标准
未来，居家养老与社区养老将成为我国居民的主流养老方式。养老设施将需要提供更多社区居家养老服务的内容。进一步拓展业务范围，提高营业收入，包括提供日间照料、老年餐桌、上门护理等服务。因此，在策划中应对未来提供更多社区居家养老服务的相应空间需求给予考虑。	未来我国高龄老人的数量将进一步增长，而且项目所收住的老年人的身体也会逐步老化。这时项目原有的服务方式与建筑空间需要做出调整，以继续支持高龄老人的晚年生活。因此，在策划中须对未来老人护理程度的提高和空间需求的变化有所考虑。	近些年来，许多先进科技产品在养老设施中逐渐得到广泛应用。因此，在进行策划时，须考虑到当采取智能照顾系统、智能家庭管理系统等高新产品时，对项目投资和建设内容等方面的影响，并为项目未来科技产品的升级换代留有余地。	随着我国人民生活水平的不断提高，未来老年人会在消费习惯上发生变化，并将对养老设施的居住条件和服务水平提出更高的要求。因此，在对运营和建设等内容进行策划时，须在提升服务和空间品质方面有所考虑，留出升级改造的可能。

建设、运营策划思路（举例）

√ 考虑未来10~20年间，项目中可能需要新增的服务类别，以及相应的功能空间需求。 √ 考虑项目中未来会为周边居民提供的服务项目，以及相关空间需求。	√ 考虑未来老人护理程度提高时，须增加的护理服务类别和护理人员数量，以及需增加的功能空间和设施设备。 √ 考虑护理程度提高对营业收入的影响。	√ 考虑使用智能化设备对员工数量和运营成本的影响。 √ 考虑前沿科技产品对建筑功能及面积配置的影响。 √ 考虑前沿科技产品对设施设备配置和工程建设要求的影响。	√ 考虑未来提高居住标准（如双人间改为单人间）对项目建设内容和建筑设计的影响。 √ 考虑个人定制化服务对服务效率和营业收入的影响。

第2节 使用方的空间需求调研

使用方空间需求调研工作

▶ 使用方空间需求调研的意义

这项有关使用方空间需求调研的意义在于帮助包括建筑师在内的项目策划方及设计方掌握使用者对空间的功能与形式要求，获取设计依据，明确应该满足的功能用途，以便进行设计决策。

▶ "空间需求"调研的对象与开展时间

▷ 调研对象

空间需求的调研对象，应当涵盖养老设施建筑的**所有预期使用方**，包括项目的目标老年客群、运营方，同时还可能包括周边居民和合作方等。

▷ 开展时间

建议在建筑设计的初期阶段，进行有关使用方的空间需求调研工作（见下图）。在此阶段进行空间需求调研工作，将有利于调研结果的及时应用，如作为确定功能配置、面积指标等的参考文件，指导建筑设计任务书的编写和建筑方案的设计等工作。

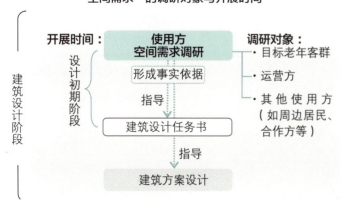

"空间需求"的调研对象与开展时间

▶ 空间需求调研的主要任务

① 搜集使用方信息

调研单位（一般包括项目的投资方、策划方、设计方等）要根据项目的开发计划等前期条件，确定项目的使用方，并全面搜集有关各个使用方的背景资料等基础信息。

② 调查使用方的空间需求

制定调查计划，通过小组座谈、个人访谈、问卷调查等方式，调查并掌握各个使用方的空间需求情况，具体任务包括：

- 引导运营方思考空间需求：如组织案例实地考察活动，引导运营方代表对可采用的功能形式和空间布局等形成具体形象的认识，并促使其思考自身的空间需求。
- 组织交流会并听取各方需求：如组织老年客群代表、运营方负责人、合作方代表等参加小组座谈会，引导各方代表在会上就自身情况以及预期功能需求等与全体代表交换意见，听取各方需求，并就潜在的使用矛盾或管理问题进行沟通。
- 分别问询各使用方的具体需求：如对老年客群代表、运营方负责人等分别进行个人访谈、问卷调查等工作，明确不同使用者对具体功能或设施设备的需求情况及细节要求。

③ 咨询专家与顾问的意见

无论是在需求调研的开始筹备阶段，还是深入访谈阶段，都要及时咨询建筑行业相关专家或顾问的意见，以获得专业分析和调研建议，从全局角度理解和平衡使用方的空间需求。

④ 整理并得出有关使用需求的成果文件

在调查工作结束后，要留出足够的时间对调查结果进行分析、评估和总结，并得出一份有关使用需求的说明性成果文件。这份文件应当作为正式的设计依据，交予投资方、策划方、设计方等相关方，以用作建筑设计任务书制定和建筑方案设计时的参考资料。

第三章　项目的全程策划与总体设计

老年客群空间需求调查内容

▶ **目标老年客群的空间需求调查内容**

- 调查目标老年客群的基本信息，以便进行客群需求分析，调查的主要内容应包括老年人的身体与健康状况、支付能力、工作背景等。这些信息一般在早先的项目定位阶段，就已经有所调查和掌握，可在此基础上进行更深入的搜集和整理。
- 调查目标老年客群对空间的功能需求和心理偏好，以便进行功能策划，调查的主要内容应包括老年客群对居住、餐饮、文娱、医疗等的功能需求，以及对风格、色彩、形式等方面的心理需求和个人偏好等。

具体有关老年客群空间需求的调查内容可参考下表：

老年客群的空间需求调查内容举例

老年客群的基本信息 （可参见客群定位）		· 目标老年客群的健康状况？（如自理、失能、失智、临终？） · 年龄范围？ · 男女性别比例？ · 支付能力？（如依靠政府救济、自费中低水平、自费中高水平？） · 来源地？（如周边社区、本地城区、本地农村、周边省市？） · 工作背景？（党政机关、事业单位、企业、部队？） · 家庭状况？（偶居、独居？多子女、少子女？） · 居住需求？（老年夫妻共同入住、一位老人单独入住、和朋友一同住？）
老年客群对功能空间的需求和偏好	个人居住空间需求	· 老人居室的户型？（如设单人间、双人间、多人间、套间？） · 老人居室的空间功能？（如设厨房、卫生间、客厅、阳台？） · 老人居室的内部家具？（如配床、衣柜、书桌、沙发？部分家具自带？） · 老人居室的配套设备？（如配洗衣机、冰箱、微波炉、电视机、电热水壶？）
	公共餐饮空间需求	· 公共餐厅的位置？（如楼内设置？楼外另设？） · 公共餐厅的类型？（如中式带包间餐厅、西式餐厅、茶餐厅、咖啡厅？）
	公共卫浴空间需求	· 公共浴室的功能？（如配淋浴、浴盆、泡澡池、泡脚池、温泉池？） · 对公共浴室环境、风格的偏好？（如中式？欧式？日式？）
	公共活动空间需求	· 室内文化娱乐空间？（如设棋牌、书画、手工、音乐、观影空间？） · 室内体育健身空间？（如设瑜伽、乒乓球、台球、沙弧球、室内迷你高尔夫？） · 多功能厅？（如单设多功能厅、与中央餐厅合设？） · 教室空间？（如设电脑教室、音乐教室、书画教室？） · 室外公共活动空间？（如设操场、门球、羽毛球、花园、宠物饲养园？） · 公共生活设施空间？（如设信报箱、理发店、美容店、药店、老年用品商店、储蓄所？） · 亲朋来访空间？（如设家庭聚会室、临时家庭住宿房间？）
	医疗服务空间需求	· 医疗服务设施？（如设医务室、小诊所、康复室、中医理疗、口腔专科、急救站、告别室？） · 医疗服务空间的位置？（如设在楼内？楼外？）服务对象？（如仅限内部老人？面向社区居民？）

第2节　使用方的空间需求调研

运营方空间需求调查内容

3-2

▶ **有关运营服务方的空间需求调查内容**

- 调查运营服务方的基本信息，包括服务理念、人员安排、服务计划等。一般来说，有经验的养老设施项目运营方（或运营顾问），通常会在项目的策划阶段，就对这些与后期运营有关的策略性内容提前作出规划安排，可通过对运营方负责人进行访谈等方式进行具体了解。

- 调查运营服务方对老人使用空间、员工使用空间等方面的功能需求。一方面，运营方出于其对服务理念、服务方式等的考虑，会对老年人使用空间整体的平面布局、交通流线等提出基本的需求意见。另一方面，运营方为了满足员工和后勤工作需要，还会对员工使用空间、设备与停车空间等提出一些具体需求。

以上这些来自运营方的信息和需求意见十分重要，在功能策划阶段需要重点调查并理解。

<table>
<tr><th colspan="3">运营服务方的空间需求调查内容举例</th></tr>
<tr><td colspan="2">运营服务的基本信息</td><td>· 运营方的基本资料？（如经营模式、服务理念？）
· 各类服务人员安排？（如服务人员类别、人数、岗位安排、岗位职责？）
· 各项服务的计划？（如服务的内容、服务方式、时间安排、轮班方案？）</td></tr>
<tr><td rowspan="4">运营方的空间需求</td><td>对老人使用空间的需求</td><td>· 老人居住空间？（如护理单元、老人居室、公共起居厅的布局与设备要求？）
· 老人就餐空间？（如中央餐厅、特色餐厅、组团餐厅的布局与陈设要求？）
· 老人洗浴空间？（如老人居室浴室、公共浴室的位置、面积与设备要求？）
· 老人公共活动空间？（如室内活动空间的类型、空间数量及家具要求？）</td></tr>
<tr><td>对员工使用空间的需求</td><td>· 办公空间？（如设员工办公室、院长室、接待室、档案室、财务室、监控室？）
· 清洁空间？（如设污物室、晾晒空间？清洁车的存放位置要求？）
· 储藏空间？（如集中储藏空间、壁柜、储物家具的位置与数量要求？）
· 洗衣空间？（如设中央洗衣房？组团洗衣房？晾晒空间的位置、面积与设备要求？）
· 员工餐饮空间？（如员工专用餐厅？员工专用厨房？）
· 员工工作配套空间？（如设更衣室、员工卫生间、员工休息室、员工活动室？）
· 员工宿舍？（如宿舍床位数量、男女比例要求？盥洗室、卫生间等宿舍配套设施要求？）</td></tr>
<tr><td>对设备及相关空间的需求</td><td>· 建筑采暖及制冷方式？（如采用暖气片？地暖？中央空调、分体空调？）
· 智能化设备？（如配紧急呼叫、摔倒报警、智能洗浴、智能温湿控制设备？）</td></tr>
<tr><td>对其他空间的需求</td><td>· 入口空间？（如接待服务台、展示区、休息区、接待室、评估室等的功能及形式要求？）
· 医疗服务空间？（如药房、康复室、医生办公室、告别室的位置、面积与设备要求？）
· 邻里共享空间？（如设社区开放活动室、社区教室、老年大学、托儿所、青少年俱乐部、中小学生课后学堂？）
· 停车空间？（如机动车及非机动车的停车类型及数量要求？设地上停车库？地下停车库？）</td></tr>
</table>

其他使用方的空间需求调查内容

▶ 合作方的空间需求调查内容

养老设施的服务合作方一般包括两类，一类是外部服务方（如为养老设施提供送餐、理发、洗衣等的外部服务单位），另一类是共用场地的独立经营方（如在场地内开设小卖部、餐厅、社区老年餐桌、幼儿园等的其他单位或个人）。

调查时需要重点了解服务合作方两方面的情况，第一是基本信息，包括合作目的、服务计划等；第二是空间需求，包括房间功能、面积、数量及位置要求，以及对独立出入口、特殊设备等的具体要求。

▶ 周边居民的空间需求调查内容

周边居民对于养老设施项目的开发建设可能存在一些想法诉求，因此也要对其进行空间需求调查，聆听其意见。

需要在项目初期调查周边居民及所在社区的基本信息，以及居民对场地和建筑功能等方面的意见，包括对于场地出入口位置、急救车流线、建筑高度与日照遮挡等问题的看法，以及对于设施为其开放一些活动空间、开设一些服务项目的需求意见等。

合作方的空间需求调查内容举例

合作方的基本信息	· 合作方的基本资料？（如合作方资质、从业领域、业务范围？） · 合作目的？（如为设施内的老年人提供服务？为周边居民提供服务？开展某种独立业务？其他目的？） · 服务计划？（如服务对象、服务内容、服务方式、时间安排、人员安排？）
合作方对空间的需求	· 设立社区养老服务类设施？（如社区老年餐桌、老年大学、老年活动站、家政服务中心？） · 设立社区居民服务类设施？（如幼儿园、社区卫生站、社区居委会、社区图书馆？） · 需要占用养老设施的若干个房间？具体用途？（如用于独立办公、职业培训、给老人理发、临时销售商品？） · 楼栋及位置要求？（如与养老设施合用一个楼栋？单独另设一个楼栋？楼层要求？） · 独立出入口及交通要求？（如设独立场地出入口、独立建筑出入口？独立电梯、独立楼梯？） · 办公空间？（如设独立办公室？办公空间的数量、面积、设备要求？） · 服务空间？（如设专门的服务空间？临时借用其他空间或场地？服务空间的位置、面积、设备要求？） · 其他设施设备要求？（如设专用停车位？值班、门禁要求？）

周边居民的空间需求调查内容举例

周边居民的基本信息	· 周边社区的基本资料？（如社区距离、建成年代、居民数量、居民老龄化程度、居民社会背景？） · 周边社区的环境状况？（如公共服务设施配置、文化风貌、步行系统完善程度？）
周边居民对空间的意见	· 场地布局？（如场地出入口位置、垃圾存放处位置、医疗垃圾流线、急救车流线的意见要求？） · 对周边环境的影响？（如日照遮挡、视线遮挡、与周边建筑风格的协调性？） · 希望养老设施能够对外开放的空间？（如中央餐厅、多功能厅、健身房、室外活动场地？） · 希望能够为居民开设的服务或活动空间？（如儿童活动园地、居民活动站、社区餐厅？）

第2节　使用方的空间需求调研

老年客群空间需求调研示例

3-2

▶ **不同身体状况老年客群的空间需求**

失能、失智老人通常需要更加安全的生活空间和较完备的医疗资源，而自理老人更需要独立的生活空间和丰富的文化休闲设施。老年客群的身体情况对于建筑的功能配置、室内外细节设计等方面都有一定的影响，需要对此进行分类调研和分析。

老年客群的身体状况和对空间的需求举例

	需要护理的老人		自理老人
	失能老人	失智老人	
身体状况特点	存在由于肢体老化、肌肉萎缩、偏瘫、中风等原因而导致的**身体行动能力受阻**状况，可能依赖拐杖、助行器、轮椅等行走辅助器械，以及浴床等移动辅助器械。 **普遍患有慢性病**，如风湿性关节炎、高血压、糖尿病等，需要长期服药，此外还有**一部分处于术后康复期的老人**。	**大脑功能衰退**，造成对空间和环境的认知存在障碍，包括记忆障碍、注意力不集中、语言障碍、情绪不稳定等，严重时无法分辨人、事、时、地、物。部分失智老人尚具备生活自理能力，但由于认知障碍，容易发生长时间的游走行为，甚至出现走失现象。	**健康状况和身体行动能力较好**，能参加中等强度的活动，如健身、跳舞等。心智健全，**能够自我照顾**，且对保持独立生活具有较强烈的意愿。
空间需求举例	· 就近设置公共活动空间，方便老人从个人居室到达，并能在活动期间就近使用卫生间。 · 对走廊等通行空间的宽度有要求，要能够通行轮椅、浴床等辅具。 · 大多需要治疗急慢性病和进行术后康复的医疗空间，包括医务室、保健室、治疗室、康复室等。	· 生活空间需要小型化。当失智老人生活在人数较少的群体中时，噪声、人员走动等不良干扰更少，更易保持情绪稳定[1]。 · 让老人住在熟悉的环境里，便于提高他们对环境的认知力，可在个人居室、组团起居厅里布置个人熟悉的家具、装饰品等。 · 需要易于识别方位的、相对安全的室内外活动空间，如室内环形走廊、室外设置花园等。	· 需要有基本的医疗服务设施，包括医务室、保健室等。 · 休闲活动场所需要相对丰富，便于日常锻炼和充实闲暇生活。 · 个人居室需要具备较为完整的功能空间，包括卧室、起居空间、用餐空间、厨房、卫生间等。并设置冰箱、洗衣机等设备。满足老人独立生活的需要。

1　Brawley E C. Design innovations for aging and Alzheimer's: Creating caring environments[M]. John Wiley & Sons, 2005.

▶ 不同支付能力老年客群的空间需求调研

不同支付能力的老年客群，对公共及居住空间的功能需求和档次要求会存在一定差异或侧重。在进行前期需求分析时，需要结合老年客群的支付水平，对其在公共活动设施、居住条件、装修档次等方面的需求进行调研和梳理，从而在进行功能配置和档次定位时予以考虑。

支付能力特点	支付能力较低的老年人	支付能力较高的老年人
	对价格较为敏感，特别是在承受公摊收费和房租费等方面；注重公共设施与居住环境等硬件条件的实用性。	能够承受较高的服务和房租费用，注重公共设施与居住环境等硬件条件的完备性和高品质。
空间需求举例	· 需要有便捷的基本生活设施、合格的卫生条件。 · 需要实用、有效的公共活动设施，如棋牌室、书画室、乒乓球设施、健身场地等。 · 要求居室户型空间紧凑、设备实用，并保证一定的私密性。	· 需要有品质较高的室内外环境，并对文化品位有一定要求。 · 要求公共活动设施丰富多样，满足个人兴趣爱好需求，可设置游泳池、健身房、美容店、木工室等。 · 要求居室户型宽敞、舒适、美观，更重视私密性，要有足够的空间放置个人物品。

▶ 老年客群的其他情况及空间需求调研

▷ 性别比例

未来我国高龄失能女性老年人口数量将多于男性[1]，女性可能成为未来养老设施的主要服务对象，因此应关注女性老人对空间功能及设计的特殊需求。例如：

- 设置符合女性老人兴趣爱好的陶艺室、手工编织室。
- 采用中性化或女性化的室内风格设计。
- 选择体现女性的细腻和精致感的家具、陈设。

▷ 社会背景

由于目标老年客群的社会背景情况不同，他们对空间的需求和偏好具有一定的差异，因此应关注客群的社会背景及相应需求。例如：

- **少数民族、宗教信奉者客群**：需要有礼拜空间、禅修空间、民族餐厅等。
- **职业背景相似的客群**：要有符合其职业习惯的休闲活动设施，如教育水平较高的客群喜爱阅览、书画空间等。

▷ 居室需求

预期目标老年客群是以单人入住还是结伴入住为主，对户型配置和设计的影响较大，例如：

- **独自入住的老人**：需要单人居室；即使入住多人间，也要有一定的个人空间。
- **结伴入住的老人**（如夫妇、亲友等）：需要双人间、双拼套间、一室一厅等户型。

此外，还要调查客群能够接受的最大户型面积，以及最小个人居住空间面积。

1　林宝．中国不能自理老年人口的现状及趋势分析 [J]．人口与经济，2015,(04):77-84.

第2节　使用方的空间需求调研

3-2

运营方空间需求调研示例①
不同服务方式的空间需求

▶ **不同服务方式的空间需求调研**

以就餐为例，就有可能有不同的服务方式：如设中央餐厅让老人前来就餐、送餐到各层的公共起居厅，或送餐至老人房间。不同服务方式对空间的功能布局、设施设备配置等有不同要求。如不了解，则可能导致设计与使用上的重大偏差，给老人和运营方带来不便和损失。此外还要注意的是，洗浴、餐饮、洗衣等的服务方式可能随服务对象或服务理念的变化而改变，这一点也要在调研时予以问询，以便在设计中预留应对方案。

不同服务方式对空间的需求举例

	老人的护理方式		餐饮的制备方式		衣物的集中洗涤方式	
	组团化护理	专人护理	在设施内部制备	由外部定时送入	在内部洗涤	外送洗涤
服务方式特点	由一组护理服务人员共同看护多位老人，形成相对固定的生活组团，常用于照顾失智老人。各组分别根据组内老人的不同身体情况安排用餐、洗浴、休闲等生活内容。	每位护理员专职负责陪护一位或少数几位老人，通常为重度失能或卧床老人，包括给老人提供陪床、喂饭、翻身、洗澡等服务。	设施内部配置后厨人员，为老人（及员工）制备一日三餐，包括食材的采买、洗涤、加工和分送等工序。	由外部餐饮供应商定时送餐到设施，设施内部人员仅需进行分餐和分送工作。用毕的餐具无须洗涤，直接返还给餐饮供应商。	安排清洁人员负责洗衣，包括洗涤、晾晒、熨烫、收叠等工序。	将大型被服（如床单、窗帘）以及一部分衣物的洗涤、熨烫等工作外包给洗衣公司。
空间需求举例	· 需要有小型化、组团化、生活设施较全的老人居住空间，有浓厚的家庭氛围，方便集中照料。 · 有些设施在夜间的值班人数较少，需要将组团合并管理，因此会对护理站、值班空间的位置等有相应要求。	· 需要有护理人员的休息空间，及存放个人用品的柜子等。 · 对失能卧床需要特殊护理的老人，需在居室内设置夜间值班空间、陪护床等。	· 设置内部厨房，其面积及功能配置需要根据老人及员工的就餐人数及情况确定。 · 需要有集中存放餐车的空间。 · 有些设施为周边社区老人提供送餐服务，需要为此预留更大的厨房制备空间，并设送餐停车位。	· 需要有备餐区，对送来食物进行分餐、加热、装盘等。 · 需要一处小型公共厨房，以便为老人热饭、制作零食点心等。	· 需要有公共洗衣房及配套空间设备，包括衣物存放处、清洗池、晾晒区、收叠区、清洗用品存放处等空间，以及洗衣机、烘干机等设备。	· 需要设收集、存放、分发被服衣物的空间。 · 仍需要有一、两台公共洗衣机、烘干机，用于日常小件衣物的清洗工作。

第三章 项目的全程策划与总体设计

运营方空间需求调研示例②
护理工作的空间需求

▶ **护理工作的空间需求调研**

护理工作是较为烦琐的重复性工作,需要护理员与老人共同配合完成,因此会对空间的功能、形式、尺寸、设备等提出适用要求。需要通过观察、询问等方式,分析了解各种护理工作的实施环境和操作流程,包括运营方的护理标准、护理流程、用到的物品、经过的房间及如何照顾到老人的感受和个性化需求等,这会对护理相关空间的布局和细节设计起到很大的帮助。

几类常见护理工作对空间及功能的需求举例

常见的护理工作	内容	个人居室	公共餐厅	公共卫浴	公共起居	空间功能需求举例
晨间及晚间照料	协助老人穿脱衣、上下床、洗漱、整理仪容;帮助理床、打开水、打扫居室和卫生间等。	√				主要在老人的床边和个人卫生间里开展护理工作,这些位置需要有护理员的操作空间;多人间里需要有保护老人隐私的措施,如设置床间隔帘等。
助餐	推送并协助老人入座,分发餐食,观察及协助老人进食、餐后口腔清洁;收拾清洗餐具等。		√			在老人入座及就餐前后,护理员较为繁忙,需要有合理的就餐流线、较宽的桌间走道,避免餐车和轮椅等剐蹭老人、堵塞通道。
助浴	协助老人在个人居室内洗浴或前往公共浴室洗浴,包括洗前用品准备、协助出入浴、洗后打扫等工作。	√		√		浴室中需要有更衣及衣物存放空间;需要留出助浴床出入和助浴人员的操作空间;浴室要便于打扫。
助厕	提醒及协助老人前往卫生间如厕、洗手、清洗身体局部,为卧床老人更换尿片等。	√		√		需要位置合理、布局好用的卫生间,方便护理员随时推送或协助老人出入和使用;失能老人居室的卫生间内通常需要配污洗池,方便护理员倾倒和洗涮尿壶。
协助开展娱乐及康体活动	布置活动场所,鼓励和帮助老人参加集体活动,提供零食饮料,打扫空间和整理物品等。			√	√	公共起居空间里要少设固定家具,以便根据活动主题和需求重新布置空间;经常用到的娱乐用品、保洁用具等要就近存放;要留出一处较大的空间,便于社工带领老人做操、进行集体活动等。

图 3.2.1 对老年人进行晨间护理

图 3.2.2 协助老年人就餐

图 3.2.3 协助老年人开展手工制作

图 3.2.4 带领老人开展合唱活动

第2节　使用方的空间需求调研

3-2

运营方空间需求调研示例③
员工的空间需求

▶ 各个岗位员工的空间需求调研

不同岗位和职责的服务人员对于空间流线和视线的要求，以及对于办公、储藏、休息等空间的需求并不相同。另外，由于供工作人员使用的空间面积有限，因此需要平衡和取舍。可通过调研了解，提高空间利用率的可行方案，包括岗位之间可以合用的办公、值班、休息空间等，以保证空间的有效利用。

几类常见服务人员的岗位职责及空间需求举例

	护理员	医生及护士	客服人员	后勤人员	行政人员	外部服务人员
服务人员的岗位职责	直接负责照料和陪护老年人，包括为半失能及失能老人提供助餐、助浴、助厕、个人身体护理、夜间陪护等服务。	提供诊疗及康复等服务，负责老人的入住评估、药品管理、早晚查房、心理疏导、急症处理、夜间值班等医务工作。	负责老年人的入院和出院管理，以及访客接待、入住咨询、与老人亲属定期沟通及社会联络等工作。	负责日常膳食、洗衣、保洁、治安、设备维修等后勤保障工作。	全面负责养老设施的人事及财务管理等工作。	由运营方聘请，负责提供各类服务，如体检、中医、牙医巡诊，以及送餐、理发、流动超市、外包洗衣等。
空间需求举例	·日常工作行走较多，体力消耗较大，要求护理流线便捷。 ·在工作时需要随时关注并回应老人，对护理站、值班室等空间的视线设计有要求，如能覆盖走廊、餐厅、起居厅等老人主要活动区域。	·需要有一些专属的医疗用房，还需要评估室、分药室、医生办公及值班室等配套用房。 ·医生对于夜间值班空间会有一定要求，包括值班的位置、值班床数量等。	·需要有总服务台及办公空间。 ·常与客户及家属进行交谈，需要有较私密的接待空间。 ·工作范围包括进行项目宣传，给到访客人提供茶水、资讯、轮椅等用品，需要宣传资料摆放空间、模型展示空间及相关用品存放空间。	·需要有员工休息、更衣空间。 ·送餐、洗衣等工作对流线设计的便捷性要求高。 ·清洁人员需要有合适的空间停放清洁车、存放清洁工具。 ·后勤人员需要有监控室、库房、设备机房等。	·需要有院长办公室、会客室、档案室等。 ·为保证财务的安全，通常需要有相对独立的财务办公空间。	·根据不同的服务内容，需要有相应的空间，如：医生需要有问诊及治疗空间；理发服务人员、流动超市服务商等需要有专用空间，或临时的服务空间、场地等。

"空间需求"调查的几种方法

▶ **几种常用的"空间需求"调查方法及建议**

在养老设施设计初期,一般会采用多种方法进行空间需求调查,包括案例考察、小组座谈、人物访谈、实地观察、问卷调查等。这些调查方法各具特色,应在调查时综合使用,从而让调查结果之间形成相互印证和补充,得出更加全面客观的结论。

案例考察法

尽量多地考察一些与拟建项目的规模和定位相似的、且已在运营之中的优秀项目,也包括投资方、运营方已建成运营的项目。深入考察这些项目的成功与不足之处,从而对实际使用情况、空间和设施的适配程度等有更加直观的感受。

小组座谈法

要在设计阶段多举办几次使用方代表座谈会,就各方关心的问题进行深入商讨,如公共活动与居住空间的面积配比问题、公共餐厅与多功能厅是合设还是分设的问题等。在座谈时需要注重平衡和协调各方利益、统一意见,从而得出相对适宜的解决方案。

行为观察法

一些老年人(如失能、失智老人)难以通过语言交流表达需求;在某一岗位上工作的员工很难说清对总体空间的需求,或者难以将工作中的困难和不便描述成对建筑空间的需求。行为观察法能让设计人员以旁观的方式,了解老人和员工的生活规律、活动特征、不便之处等,理解其潜在的空间需求,从而为后续设计提供依据。

人物访谈法

对运营负责人(院长)、护士长、员工代表等进行个人访谈,听取他们工作中的经历感受、遇到过的矛盾问题等,如哪些工作环节最累、哪些空间不够用、有什么使用上的不便,等等。还要对老年客群和家属代表进行个人访谈,问询老人对居住、饮食、护理等方面的个性化及特殊要求,如入住时打算带上的家具和大件物品等。

问卷调查法

问卷适用于调查一些需要广泛征求使用者的普遍选择和意愿的问题,以了解大多数人的需求和倾向,例如:老年客群更喜欢的装修风格、能够接受的户型与价格区间,以及在面积有限的情况下更加需要的活动空间等。

> **调查问卷(示例)详见附录:**
>
> 为了帮助读者进一步理解体会如何编写一套调查问卷,本书【附录】提供了一套针对运营方空间需求的调查问卷示例,供读者参考。

第3节　建设规模与建筑功能配置

养老设施的建设规模及建设指标

3-3

目前在国家标准规范以及各省市的相关政策中，对于养老设施的建设规模、用地面积及建筑面积都有一些规定。结合这些规范要求和设计实践经验，我们将对养老设施的常见规模、空间配置及面积指标进行探讨。

▶ **机构养老设施的常见建设规模及建设指标**

▷ **机构养老设施床位规模建议**

一般来说，机构养老设施的床位规模在200~300床为宜。通过对一些养老设施院长的调研访谈得知，一位院长带领一组运营团队进行管理的适宜规模为200~300床，最多不宜超过500床（图3.3.1）。过大规模的养老设施不仅会使管理难度加大、人员投入增多，也不利于老人之间的交往与熟识。而设施床位数过少则可能造成运营效率较低，难以实现盈利等问题。

▷ **机构养老设施用地面积和建筑面积建议**

养老设施的床均用地面积与建设用地的区位条件有关。对于城市中心区的养老项目，由于土地资源紧张，床均用地面积可能仅有15~25m²。对于建设在土地资源相对充裕的郊区的项目，用地面积可以适当增大。通常来讲，养老设施用地面积一般为20~40m²/床（图3.3.2）。

养老设施的床均建筑面积通常与设施的建设档次有关，经济型、福利型养老设施一般在30m²/床左右，而一些较高端的养老设施由于居室面积大、公共空间配比高，则会达到60~70m²/床。一般来说，养老设施适宜的床均建筑面积为30~60m²（图3.3.3）。

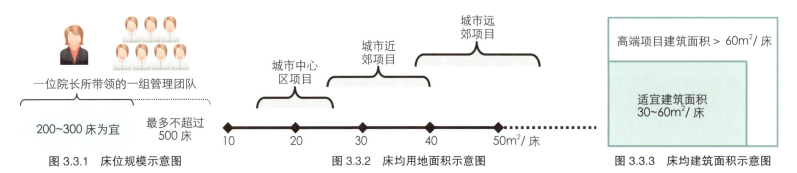

图 3.3.1　床位规模示意图　　　图 3.3.2　床均用地面积示意图　　　图 3.3.3　床均建筑面积示意图

▶ **社区养老设施的常见建设规模及建设指标**

社区养老设施的建设规模与设施所提供的服务内容和所处地区的需求量有关。不同类型的设施在建设规模上会有较大差异，例如社区老年餐桌的规模通常从几十平方米到一两百平方米不等，而社区托老所和日间照料中心的建设规模可能为200~300m²到1000m²以上（图3.3.4）。

图 3.3.4　社区养老设施建筑面积示意图

第三章　项目的全程策划与总体设计

养老设施的功能空间配置要求

▶ **养老设施的常见功能空间配置**

养老设施的功能空间分类方式有很多种，在本书中我们将空间归纳为**居住空间**、**公共空间**和**辅助服务空间**三大类。

- **居住空间**：主要是指养老设施中的老人居室。除此之外，护理组团或居住单元内的公共起居厅、护理站及配套服务空间由于与老人日常居住生活密切相关，且与老人居室联系紧密，通常也将其划入到居住空间范畴。

- **公共空间**：指供老人开展各类活动以及设施中各类人员公共使用的空间，也包括公共卫生间、公共浴室、医疗康复空间等。

- **辅助服务空间**：指主要供工作人员使用的后勤服务、行政管理等空间和员工用房、设备用房等，通常不会有老人使用。

居住空间	公共空间	辅助服务空间
护理组团或居住单元中的 • 老人居室 • 公共起居厅 • 护理站*及配套服务空间（管理室等）	• 门厅 • 公共交通空间（楼电梯、走廊） • 公共活动空间（棋牌、书画、阅读、上网等活动区） • 多功能厅 • 就餐空间 • 康复空间*（OT/PT室、理疗室等） • 医疗空间*（处置室、治疗室、医生值班室等） • 公共卫生间 • 公共浴室	• 厨房（备餐间） • 后勤辅助空间（洗衣房、污物间、储藏间等） • 员工用房（员工宿舍、员工餐厅等） • 行政管理空间（办公空间、会议/接待空间、档案室等） • 设备用房（空调机房、水泵房、变配电室等）

* 养老设施中服务于自理老人的居住空间可以不设护理站，只须设置服务管理台。

* 此处所列举的医疗空间和康复空间仅为参考示例，具体设计时还应根据养老设施的需求确定用房配置。

▷ **不同类型养老设施对功能空间的需求有差异**

由于养老设施的服务对象、设施定位不同，所需要的功能空间会存在一定差异。例如：

- 以中、重度失能老人为服务对象的，对医疗服务有一定需求的养老设施，其护理组团中可能需要配置处置室、治疗室、摆药室等。

- 对于面向健康自理老人的养老设施，其公共活动空间的类型会更丰富、面积也会更大，一些较为高端的项目还会配置游泳池等大型康体健身设施。

▷ **养老设施的部分功能可利用周边既有设施资源**

养老设施的部分功能也可借用其他设施来实现。例如与周边的社区卫生服务站等医疗机构建立合作关系，为本设施的老人提供医疗服务。这样就无须在设施内配置过多的医疗用房，从而达到节约建设投资、降低运营成本及风险的目的。

对于建设在社区中的小型养老设施，由于建设场地或用房有限，可以考虑利用周边既有的服务资源，例如理发店、小超市等，而无须再在设施内重复设置。

第3节　建设规模与建筑功能配置

3-3

养老设施空间面积指标探讨①
相关概念界定

▶ 探讨养老设施空间面积指标的目的

在养老设施项目的策划阶段（参见3-1节），往往会根据项目定位和建设要求，提出功能空间配置要求及相应的面积需求（如各类房间的面积指标、居住空间与公共空间的面积配比等），从而为后续的设计工作提供参考依据，也有助于预估项目建设投资造价，以判断项目投资的可行性。

▶ 养老设施空间面积指标相关概念的界定

不同的面积指标用语代表着不同的含义。建筑设计人员与投资方、运营方等非建筑行业人员对于面积指标的理解可能会有不同。因此在探讨具体的空间面积指标之前，需要先对相关的概念进行界定。

▷ 建筑面积与使用面积

一般来讲，在探讨建筑的面积指标时，较常用到的术语是**建筑面积**和**使用面积**。两者的差异主要体现于在计算面积时，是否包含了建筑结构（如内外墙体、柱）所占的面积。

建筑面积	使用面积
建筑面积指包含建筑结构（如内外墙体、柱）在内的面积。	使用面积指不包含建筑结构（如内外墙体、柱）的面积，有时也称为净面积。

因此，对于某一建筑物或某个空间而言，其建筑面积一定大于使用面积。因为在计算建筑面积时，不仅要算入使用面积，还要算入相应的建筑结构所占的面积。

▷ 房间使用面积与公共交通使用面积

在本书中，我们参考国内外养老设施项目策划及设计过程中经常提及的一些用语，进一步界定了以下两个面积指标用语：**公共交通使用面积**和各类**房间使用面积**。

公共交通使用面积	（各类）房间使用面积
指养老设施中的楼电梯、公共走廊等公共交通空间所占用的使用面积。	指养老设施中除公共交通空间之外的各类房间（包括非封闭式的空间区域）所占的使用面积。

各类**房间使用面积**反映的是可被居住者和工作人员直接利用的面积。对于投资方和运营方而言，可以根据经验和需求给出各个房间的使用面积指标，例如每间老人居室的面积、餐厅或库房的面积等。而**公共交通使用面积**是到达、连接各类房间所需的必不可少的面积，受建筑的形式、平面布局影响较大，因此往往难以给出确定的数值。

▷ 各类面积指标的计算关系示意

建筑面积 ＝ [使用面积：（各类）房间使用面积 ＋ 公共交通使用面积] ＋ 建筑结构所占的面积

养老设施空间面积指标探讨②
公共交通使用面积与各类房间使用面积的指标关系

如前所述，公共交通使用面积是指楼电梯、公共走廊等公共交通空间所占用的使用面积。公共交通空间在养老设施中占据了相当程度的比例，在计算面积时不应被忽视。

▶ 养老设施中公共交通使用面积所占的比例

根据对国内若干养老设施项目面积指标的测算得知，养老设施中公共交通使用面积（即楼电梯、公共走廊面积）通常为各类房间使用面积的 1/3 左右。即，假设某养老设施的使用面积为 4000m²，那么其中各类房间所占的面积约 3000m²，其余的 1000m² 需要用于公共交通。

$$\frac{\text{公共交通使用面积（公共走廊、楼电梯）}}{\text{各类房间使用面积（居住空间、公共空间、辅助服务空间）}} \approx \frac{1}{3}$$

受建筑层数或平面布局形式的影响，公共交通面积比例会有一定浮动。例如采用单廊式布局的养老设施与采用中廊式布局的设施相比，由于前者所需的走廊面积更多，因此公共交通面积配比往往也会略大一些。

TIPS　建筑平面布局对公共交通使用面积所占比例的影响：

单廊式布局与中廊式布局情况下，老人居室面积与所需公共走廊面积之比

一般来讲，养老设施的居室（双人间）进深为 8~9m，而根据规范标准要求，养老设施公共走廊净宽须大于 1.8m，考虑扶手安装因素，单侧布置居室时，走廊两侧墙体净宽一般为 2m；双侧布置居室时，由于走廊交通流量增大，所以宽度还需适当增加，一般不小于 2.4m。

如右图所示，单廊式布局时，每条走廊只有一侧为老人居室，因此每间房间公摊下来的走廊面积较多，约为房间面积的 25%。而中廊式布局时，走廊双侧都布置老人居室（或服务配套用房），尽管走廊宽度比单廊式布局有所增加，但每间房间公摊的走廊面积仍然要比单廊式布局少，大约为房间面积的 15%。因此中廊式布局时，公共走廊面积配比会低一些。

然而养老设施中的公共交通面积除了公共走廊之外，还有楼电梯竖向交通核面积。因此，如前所述，不论哪种形式的平面布局，公共交通空间面积大约都会占到所有房间面积的 1/3 左右（通常为 30%~33%）。

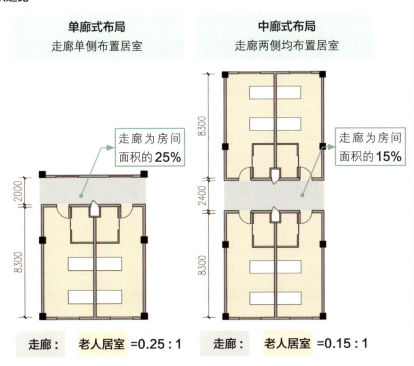

注：公共走廊宽度已按最低限计算，若走廊宽度增加，交通面积比例还会再增大。

第3节　建设规模与建筑功能配置

3-3

养老设施面积配比规律探讨①
老人居室与公共服务配套面积配比

在项目设计过程中，通常希望了解养老设施中应该为每位老人或每张床位配置多少公共服务配套面积（往往也被称为"公摊面积"），才能满足服务运营需求。本部分我们通过对国内外实际项目面积指标的分析，结合设计实践经验，总结出了养老设施的老人居室与公共服务配套面积配比的常见规律。

▶ 公共服务配套面积相关概念的界定

在探讨面积配比之前，需要先界定什么是公共服务配套面积。

- **公共服务配套面积**[1]：是指**除了老人居室以外，养老设施中其他所有公共服务配套的房间或空间的使用面积总和**。这些配套空间包含护理组团中除居室以外的公共空间（公共起居厅、护理站等），以及养老设施的公共餐厅、多功能厅等公共空间，和后勤辅助用房、行政管理用房、员工用房、设备用房等。

- **老人居室与公共服务配套面积配比**：即养老设施中老人居室面积与公共服务配套面积的配比。例如，老人居室面积与公共服务配套面积为四比六，即 40%：60%；或五比五，即 50%：50%。

- 需要注意的是，本部分所探讨的公共服务配套面积和老人居室面积，均为各类房间使用面积，**不包含公共走廊和楼电梯等公共交通使用面积**。如前所述，公共交通面积是养老设施中各类房间共同分摊的面积，因此应单独计算（参见上页）。

▶ 养老设施的老人居室与公共服务配套面积配比规律探讨

由于不同类型的养老设施的服务内容、空间需求存在一定差异，因此其老人居室与公共服务配套面积配比也会呈现出不同的特点，很难一概而论。本部分主要以**中等规模、独立建设的机构养老设施为对象**，对其老人居室与公共服务配套面积的配比规律进行探讨，以供设计时参考。一些大型项目中的养老设施由于部分用房会与其他设施合设共用，因此面积配比会存在些许差异。

社区养老设施由于设施类型、功能配置较为多样，与机构养老设施有较大差异，因此暂不做探讨。

虽然目前现行的规范标准中对于养老设施各类用房面积指标有作出要求，但是所给出的指标大多为低限值，部分指标的描述方式与本书中略有差异。为了更细致、准确地分析各类面积指标的分配规律，我们选取了若干建成的养老设施项目，逐一对每个设施中各类房间的使用面积做了详细的统计计算和分析，从中得出了老人居室与公共服务配套面积的配比规律（详见图 3.3.5）。

---

[1] 公共服务配套面积不包含公共交通使用面积。

▷ **老人居室面积与公共服务配套面积配比规律**

结合设计实践经验和对国内外养老项目案例面积指标的研究，可以发现养老设施中老人居室面积与公共服务配套面积的配比通常为（35%~45%）:（55%~65%）。

通常来讲，一些面向中高端客群的品质较高的养老设施，其公共空间的种类会更多样，空间面积也会更大，因此公共服务配套面积的配比可能会达到 60%~70%。

而对于经济型、福利型的养老设施，考虑到建设、运营成本等因素，所配置的公共服务配套空间相对会少一些，因而公共服务配套面积的配比相对偏低，可能仅为 40%~50%。

养老设施公共服务配套面积配比不宜过低。一些项目在设计时为了能够增加"出房率"，希望通过减少公共服务配套面积，以使更多的面积用于老人居室。然而这会造成公共活动空间、服务空间、管理空间的不足，从而对养老设施的服务运营带来不利影响。从经验角度来说，养老设施的公共服务配套面积配比不宜少于 50%，即：养老设施的公共服务配套面积与老人居室面积不宜低于 1:1。

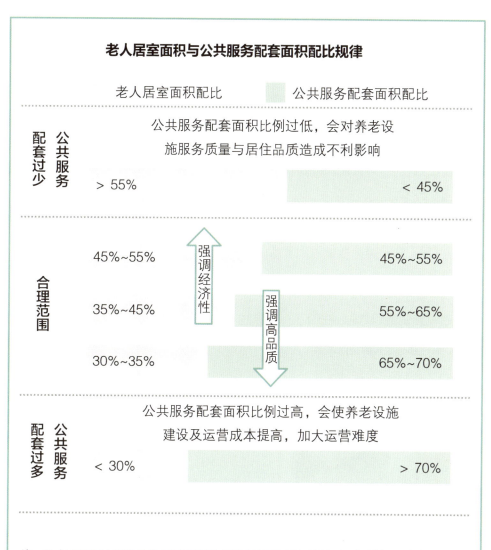

图 3.3.5　老人居室面积与公共服务配套面积配比规律

第3节 建设规模与建筑功能配置

3-3 养老设施面积配比规律探讨② 居住部分与公用部分面积配比

除了按照"老人居室"与"公共服务配套"这一划分方式来探讨面积配比之外，设计时还需要从建筑整体布局的层面，将养老设施划分为"居住部分"与"公共部分"，来分析养老设施的居住部分与公用部分的面积配比。

▶ 养老设施的居住部分与公用部分面积配比探讨

养老设施的**居住部分**是指，包含了老人居室以及居室所在楼层的公共起居厅、护理站及配套服务空间等居住空间，这些空间一般出现在养老设施的居住标准层中。而**公用部分**则是指除居住部分之外的其他空间，例如公共活动空间、服务用房等，这些空间主要都集中布置在设施的底层或地下层（也可能有个别空间分散布置在设施的顶层或其他楼层）。因此居住部分与公共部分的面积配比，有时也可以看作是建筑的标准层部分与其他层面积的配比（图3.3.6）。

通过对国内设计项目案例的面积指标分析可知，养老设施居住部分面积（包含其所需的公共交通面积）通常占总建筑面积的55%~65%，而公用部分面积（包含其所需的公共交通面积）则会占35%~45%。当养老设施采用底层裙房+标准层的建筑布局形式时，这一配比数值可形象地展现为图3.3.6所示的形式。

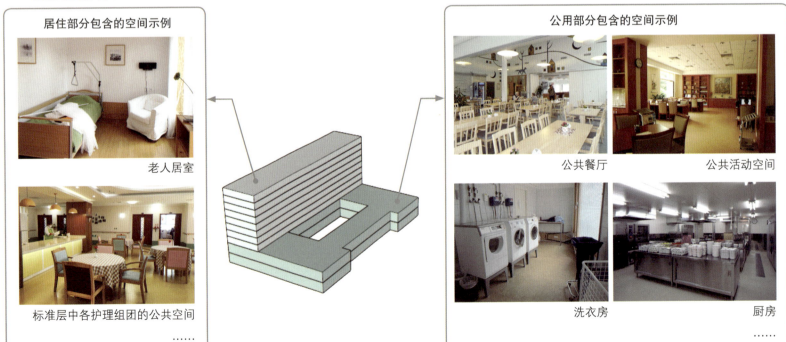

图 3.3.6　养老设施居住部分与公共部分面积配比规律示意

养老设施空间面积指标规律小结

在项目策划和设计阶段,往往需要在给定的建筑面积条件下,推算出能够做出多少张床位、有多少面积要分配给公共服务配套空间。本章节前述对养老设施面积指标规律的探讨可以为此提供参考依据。

▶ 养老设施项目面积指标及床位数的推算示例

总建筑面积 10000m² 的养老设施能够做多少张床位?

※ 10000m² 中其余的 3000~4000m² 为公共交通使用面积与建筑结构面积

由此可以看出,总建筑面积 10000m² 的养老设施,在不同的项目定位之下,所能设计出的床位数亦有不同。如果是定位为中高端客群的高品质项目,公共服务配套面积配比往往会较大,老人居室面积配比则相对较低(40%),最终能够做出约 200 床。如果是经济型项目,老人居室面积配比则会提升(45%),其床位数则可达到 300 床以上。

TIPS 使用系数

使用系数 = 房间使用面积 / 总建筑面积

- 使用系数反映的是建筑物的使用效率。使用系数应控制在合理的范围内。如果过低,则说明建筑物投入到可以发挥使用价值的空间(即各类房间)面积过少,而公共交通面积、建筑结构所占面积过多,这往往也意味着建筑所能产生的经济效益不高。但如果使用系数过高,则意味着对空间布局效率要求过高,可能造成空间灵活性不足、空间环境品质下降等问题。

- 通过对国内外养老设施案例面积数据的研究,可以得出养老设施的使用系数通常在 0.6~0.7 之间,受到建筑平面布局形式、走廊宽度、建筑墙体厚度等因素的影响,具体数值会在这个范围内波动。举例来说:如果一个养老设施的总建筑面积为 10000m²,那么其中只有 6000~7000m² 是能够用在老人居室和公共服务配套用房等各类房间的面积,其余的 3000~4000m² 则为养老设施建筑内部所需的公共交通面积,以及建筑结构(内外墙体、柱)和竖向管井面积。

- 在养老设施项目的策划过程中,需要认识到在给定的总建筑面积下,有相当一部分比例的面积是无法直接为居住者所使用,或者说并不直接为投资方、运营方带来经济效益。然而目前一些开发方或投资方并不了解这些知识,认为所投入的建筑面积都能转化为老人居室或各类房间,导致设计任务书中所给出的总床位数或各房间面积指标在实际设计中难以达到。

第3节　建设规模与建筑功能配置

3-3

机构养老设施功能空间配置与面积指标示例①

本部分根据设计实践经验和对国内一些养老设施的面积统计数据，给出常见规模下，不同档次的养老设施功能配置和面积指标示例，可供设计时参考使用。

▶ 示例一：200床以内中高端护理型养老设施

192床5层的中高端护理型养老设施功能配置与面积指标参考表[1]　　　表3.3.1

功能空间名称	空间数量	使用面积[2]（m²）每间/个	使用面积[2]（m²）合计	备注
（一）居住空间　本设施的2~5层为居住层，每层为两个护理组团，包含功能及面积参考指标如下：				
每个护理组团内老人居室（每个组团内共配置12间老人居室，共居住24人）				
单人间（带卫生间）	4	21	84	居室内卫生间包含洗手池、坐便器及淋浴设施
双人间（带卫生间）	4	28	112	同上
四人间（带卫生间）	2	58	116	同上
双人套间（带卫生间）	2	44	88	同上，套间为一室一厅
每个护理组团老人居室使用面积小计			400	
每个护理组团内公共服务配套空间				
公共起居厅	1	60	60	供本组团老人开展日常活动和就餐使用，按人均2.5m²计算（详见本书5-2节）
护理站	1	8	8	设置护理服务台，部分台面可兼做分餐使用
管理室	1	9	9	供护理人员存放文件资料、个人物品，日常办公及更衣使用
小型公共浴室	1	15	15	供本组团老人洗浴使用，包含更衣区、淋浴区等
公共卫生间	2	4	8	设置两个独立无障碍卫生间，供本组团老人或工作人员使用，其中1个可与公共浴室合用
小型洗衣房	1	9	9	配有洗衣机、洗涤池，供洗涤老人的衣物
晾晒阳台	1	2	2	供晾晒衣物，可为开敞阳台（算1/2面积）
清洁间	1	4	4	配有洗涤池，存放清洁工具、清洁推车等
储藏空间		9	9	集中或分散设置的储藏空间，存放本组团的老人卫生用品、日常活动用品等
每个护理组团公共服务配套使用面积小计			124	
每个护理组团面积合计			524	每个护理组团面积＝每个组团老人居室使用面积＋公共服务配套使用面积
居住层每层（含2个护理组团）共用空间（指每一居住层中可供两个护理组团共用的公共服务配套空间）				
值班室	1	10	10	供护士或护理人员值班休息使用
污物间	1	6	6	供处理本层的污物、暂存垃圾，配有污物池、洗涤池等
电梯厅	1	20	20	供老人使用的主要电梯的候梯空间
居住层每层共用空间使用面积小计			36	
居住层每层使用面积小计			1084	居住层每层使用面积＝（每个护理组团老人居室使用面积＋每个护理组团公共服务配套使用面积）×两个组团＋居住层每层共用空间使用面积
其中，居住层每层老人居室使用面积小计			800	居住层每层老人居室面积＝每个护理组团老人居室使用面积×两个组团
居住空间使用面积共计			4336	居住空间使用面积＝居住层每层使用面积×4层
其中，老人居室使用面积共计			3200	老人居室使用面积＝居住层每层老人居室使用面积×4层

1　本表以实际项目为基础编写而成。项目为建设在大城市的面向不同失能程度的老人为主的中高端养老设施，地上5层，地下1层。
2　表中各类功能空间的使用面积均不含走廊等公共交通使用面积以及建筑结构面积。在本表最后给出的总建筑面积里，再统一计入公共交通使用面积及建筑结构面积。

续表

（二）公共空间　包含功能及面积参考指标如下：

功能空间名称	空间数量	使用面积（m²）每间/个	使用面积（m²）合计	备注
入口及门厅空间				
入口雨棚	1	15	15	雨棚考虑覆盖台阶、坡道及落客区，算1/2面积
门厅	1	72	72	含门斗、休息区（休息茶座），并可供老人开展做操等活动使用
服务台	1	10	10	供工作人员接待、值班，可兼做茶水供应台
值班管理室	1	9	9	供工作人员办公、值班、存放文件资料等，可暂存老人的快递物品
接待/洽谈室	1	20	20	供接待老人、家属或参观人员，可兼做入住登记室
小卖部	1	20	20	供售卖生活用品、食品、辅具器具等，还可设置ATM机、复印机等
信报区	1	5	5	设置信报箱或快递柜
公共卫生间	1	4	4	供工作人员、访客及老人使用的独立无障碍卫生间
电梯厅	1	20	20	供老人使用的主要电梯的候梯空间
入口及门厅空间使用面积小计			**175**	
就餐空间				
公共餐厅	1	150	150	容纳大约40%的老人（约75人）在此集中就餐，按人均2m²计算（详见卷2 1-5节）
备餐间	1	35	35	邻近公共餐厅，供备餐、分餐使用
包间	2	15	30	设置两个供8~10人就餐的包间，供老人家庭聚餐、活动使用
公共卫生间	1	40	40	设置男、女卫生间各1套及1个独立无障碍卫生间
仓库	1	8	8	邻近公共餐厅，存放备用桌椅、节日装饰品、活动用品等物料
清洁间	1	4	4	配有洗涤池，存放清洁工具、清洁推车等
就餐空间使用面积小计			**267**	
公共活动空间				
多功能活动区	1	120	120	供开展阅览、书画、上网等活动，可为开敞式或半开敞式活动空间
小型活动室	2	25	50	包含棋牌室、手工室等
中型活动室	2	60	120	包含乒乓球、台球室、音乐舞蹈室等
教室/电教室	2	45	90	供开展讲座等活动使用
多功能厅	1	200	200	供开展大型活动、会议使用，容纳大约100人左右，包含设备间
-附设仓库	1	10	10	存放备用座椅、节日装饰品、活动用品等物料
-附设卫生间	2	4	8	设置两个独立无障碍卫生间，供多功能厅就近使用
大型公共浴室	2	50	100	设置男、女浴室各1套，含更衣区、淋浴区、泡池
理发/按摩室	1	15	15	宜与公共浴室邻近设置，供为老人理发、身体按摩使用
公共卫生间	1	25	25	设置男、女卫生间各1套及1个独立无障碍卫生间
清洁间	1	4	4	配有洗涤池，存放清洁工具、清洁推车等
饮水处	1	2	2	设置饮水机或开水器
储藏空间	1	9	9	集中或分散设置的储藏空间，存放公共活动用品、装饰品等物料
公共活动空间使用面积小计			**753**	

第3节　建设规模与建筑功能配置

3-3

续表

功能空间名称	空间数量	使用面积（m²）每间/个	合计	备注
医疗及康复空间				
门厅及等候区	1	20	20	供老人候诊、休息使用，设置等候座椅
入住评估室	1	25	25	供开展入住老人的行为能力评估
值班/管理室	1	9	9	供医生值班休息使用
药房	1	12	12	供存放每位老人的常用药品及医护人员分药、摆药使用
诊室	2	12	24	供医生就诊使用，可设1间西医诊室和1间中医诊室
点滴室	1	30	30	供本设施老人打点滴使用，含药品准备室
治疗室	1	10	10	供医护人员为老人开展检查、治疗等医疗操作使用
处置室	1	10	10	供对使用后的医疗用品进行分类、处置，宜邻近治疗室
观察病房	1	15	15	设置观察床，供医护人员对老人进行病情观察使用
理疗/针灸室	1	12	12	设置理疗床，供开展理疗、针灸等
康复室	1	50	50	设置作业治疗（OT）和物理治疗（PT）相关设备器具，供老人开展康复训练使用
康复师办公室	1	12	12	供康复师更衣、办公、休息使用
公共卫生间	2	4	8	设置两个独立无障碍卫生间，供医疗康复区就近使用
清洁间	1	4	4	配有洗涤池，存放清洁工具、清洁推车等
污物间	1	4	4	供处理污物，暂存医疗垃圾使用，配有污物池、洗涤池等
其他用房				视具体项目情况而设，如化验室
医疗及康复空间使用面积小计			245	
公共空间使用面积共计			**1440**	公共空间使用面积 = 入口及门厅空间使用面积 + 就餐空间使用面积 + 公共活动空间使用面积 + 医疗及康复空间使用面积

（三）辅助服务空间　包含功能及面积参考指标如下：

功能空间名称	空间数量	使用面积（m²）每间/个	合计	备注
后勤服务用房				
中央厨房	1	180	180	含粗加工间、热加工间、冷荤间、洗消间、食品库房等（厨房内部走廊计入面积）
- 卸货区	1	10	10	供采购车辆停靠，以及工作人员卸货和清点、记录货品
- 办公室	1	9	9	供厨房工作人员办公、休息使用
- 员工更衣室	2	10	20	供厨房工作人员更衣使用，可附设淋浴设施
- 员工卫生间	2	4	8	供厨房工作人员专用
公共洗衣房	1	60	60	供洗涤本设施的被服用品等大件布草，设置消毒、洗涤、烘干等设备
告别室	1	12	12	便于家属、亲友与逝者告别，位置宜相对独立于公共活动区
小型库房	4	15	60	供存放文件、办公用品、辅具器具等
大型库房	2	45	90	供存放被服、家具、备品等大件物品
后勤服务用房使用面积小计			449	
员工用房				
员工餐厅	1	80	80	供员工就餐使用，可兼做员工活动室、休息区
员工宿舍（两人间）	3	12	36	可为38位员工提供住宿床位
员工宿舍（四人间）	8	20	160	
员工盥洗室	2	6	12	可兼做洗衣间，设置洗涤池、洗衣机
员工浴室	2	12	24	设置男、女浴室各1套
员工更衣室	2	12	24	设置男、女更衣室各1套
公共卫生间	1	20	20	设置男、女卫生间各1套
晾晒场地	1	—	—	供员工晾晒衣物，可位于屋顶露台或室外场地，暂不计入面积
员工用房使用面积小计			356	

续表

功能空间名称	空间数量	使用面积（m²）每间/个	合计	备注
行政管理用房				
小办公室	2	12	24	供行政管理人员办公使用
大办公室	1	40	40	供行政管理人员办公使用，可为相对开敞的大空间
财务室	1	20	20	供财务人员办公管理使用，不宜与其他房间合设
社工室	1	20	20	供社工办公、休息使用
院长室	1	20	20	供院长办公、接待使用
小会议室	1	20	20	供10人左右开会使用
大会议室	1	40	40	供20~30人开会使用
档案/资料室	1	20	20	存放老人的档案资料、设施的管理记录、文件资料等
公共卫生间	2	5	10	供工作人员使用，设置男女卫生间各1套，配有洗涤池、墩布池
行政管理用房使用面积小计			214	
设备用房（设备用房需根据具体项目情况设置，以下仅作示意）				
消防控制室	1	25	25	设置火灾自动报警控制设备和消防控制设备，宜在建筑的首层或地下一层
中央控制室	1	25	25	设置监控设备及工作人员值班台
新风机房	1	30	30	具体面积需根据建筑实际情况确定
送风机房	1	60	60	同上
排风机房	1	60	60	同上
弱电机房	1	30	30	同上
有线电视机房	1	15	15	同上
信号放大机房	1	15	15	同上
变配电室	1	160	160	同上
换热站	1	60	60	同上
生活热水机房	1	60	60	同上
生活水泵房	1	60	60	同上
污水泵房	1	50	50	同上
消防水泵房	1	50	50	同上
消防水池	1	120	120	同上
其他设备用房		150	150	视具体项目需求设置
设备用房使用面积小计			970	
辅助服务空间使用面积共计			**1989**	辅助服务空间使用面积＝服务用房使用面积＋员工用房使用面积＋行政管理用房使用面积＋设备用房使用面积

设施指标总计		
总床位数	192床	共8个护理组团，每个护理组团24床
各类房间使用面积	7765m²	各类房间使用面积＝居住空间使用面积＋公共空间使用面积＋辅助服务用房使用面积，不含公共交通（楼电梯、公共走廊）、建筑结构（内外墙体、柱）面积
总建筑面积	11100~12900m²	总建筑面积＝各类房间使用面积÷使用系数，使用系数按0.6~0.7计算
床均使用面积	40m²	床均使用面积＝各类房间使用面积÷总床位数
床均建筑面积	58~67m²	床均建筑面积＝总建筑面积÷总床位数
老人居室面积配比	41%	老人居室面积配比＝老人居室使用面积÷各类房间使用面积
公共服务配套面积配比	59%	公共服务配套面积配比＝公共服务配套使用面积（公共空间使用面积＋辅助服务空间使用面积）÷各类房间使用面积

第3节 建设规模与建筑功能配置

3-3

机构养老设施功能空间配置与面积指标示例②

▶ 示例二：400~500床经济型养老设施

450床10层的经济型养老设施功能配置与面积指标参考表[1]　　　　表 3.3.2

功能空间名称	空间数量	使用面积[2]（m²）每间/个	使用面积[2]（m²）合计	备注
（一）居住空间　本设施的2~10层为居住层，每层为1个护理组团，包含功能及面积参考指标如下：				
每个护理组团内老人居室（每个组团内共配置22间老人居室，共居住50人）				
单人间（带卫生间）	3	20	60	居室内卫生间包含洗手池、坐便器及淋浴设施
双人间（带卫生间）	10	25	250	同上
三人间（带卫生间）	9	28	252	同上
每个护理组团内老人居室使用面积小计			562	
每个护理组团内公共服务配套空间				
公共起居厅	1	100	100	供本组团老人开展日常活动和就餐使用，按人均2m²计算（详见本书5-2节）
护理站	1	5	5	设置护理服务台，部分台面可兼做备餐使用
管理室	1	6	6	供护理人员存放文件资料、个人物品、日常办公及更衣使用
小型公共浴室	1	15	15	供本组团老人洗浴使用，包含更衣区、淋浴区等
公共卫生间	1	4	4	设置1个独立无障碍卫生间，供本组团老人或工作人员使用
小型洗衣房	1	6	6	配有洗衣机、洗涤池，供洗涤老人的衣物，晾晒区域另设
清洁间	1	4	4	配有洗涤池，存放清洁工具、清洁推车等
污物间	1	3	3	处理污物及暂存垃圾，设置污物池
储藏空间		5	5	集中或分散设置的储藏空间，存放本组团的老人卫生用品、日常活动用品等
空调机房	1	8	8	采用集中空调系统，每层设置1处
每个护理组团内公共服务配套使用面积小计			156	
每个护理组团使用面积小计			718	每个护理组团面积＝每个组团老人居室使用面积＋公共服务配套使用面积
居住层各层共用空间（以下用房为每三个居住层/护理组团共用1套，共设3套）				
治疗室	3	5	15	供医护人员为老人开展检查、治疗等医疗操作使用
处置室	3	4	12	供对使用后的医疗用品进行分类、处置，宜邻近治疗室
摆药室	3	6	18	供暂存每层老人的药品及医护人员分药、摆药使用
值班室	3	15	45	供护士或护理人员值班休息使用
小型库房	3	15	45	供存放每层的日常物料、辅助器具等用品
居住层各层共用空间使用小计			135	
居住空间使用面积共计			**6597**	居住空间使用面积＝每个护理组团使用面积×9个组团＋居住层各层共用空间使用面积
其中，老人居室使用面积共计			**5058**	老人居室使用面积＝每个护理组团内老人居室使用面积×9个组团
（二）公共空间　包含功能及面积参考指标如下：				
功能空间名称	空间数量	使用面积（m²）每间/个	使用面积（m²）合计	备注
入口及门厅空间				
入口雨棚	1	15	15	雨棚考虑覆盖台阶、坡道及落客区，算1/2面积
门厅	1	110	110	含门斗、休息区（休息茶座）及电梯厅，并可供老人开展做操等活动使用
服务台	1	12	12	供工作人员接待、值班，可兼做茶水供应台
值班管理室	1	6	6	值班、存放文件资料等，可暂存老人的快递物品
接待/洽谈室	1	15	15	供接待老人、家属或参观人员，可兼做入住登记室
小卖部	1	20	20	供售卖生活用品、食品、辅具器具等，还可设置ATM机、复印机等
公共卫生间	2	4	8	供工作人员、访客及老人使用的独立无障碍卫生间
入口及门厅空间使用面积小计			186	

1　本表以实际项目为基础编写而成。项目为建设在大城市的面向不同失能程度的老人为主的经济型养老设施，地上10层，地下2层。
2　表中各类功能空间的使用面积均不含走廊等公共交通使用面积以及建筑结构面积。在本表最后给出的总建筑面积里，再统一计入公共交通使用面积及建筑结构面积。

续表

（二）公共空间 包含功能及面积参考指标如下：

功能空间名称	空间数量	使用面积（m²）每间/个	使用面积（m²）合计	备注
就餐空间				
公共餐厅	1	400	400	容纳大约60%的老人（约270人）在此集中就餐，按人均约1.5m²计算（详见卷2 2-5节）；节假日时，公共餐厅可供开展大型活动
备餐间	1	60	60	邻近公共餐厅，供备餐、分餐使用
包间	4	15	60	设置4个供8~10人就餐的包间，供老人家庭聚餐、活动使用
公共卫生间	1	34	34	设置男、女卫生间各1套及1个独立无障碍卫生间
仓库	1	10	10	邻近公共餐厅，存放备用桌椅、节日装饰品、活动用品等物料
清洁间	1	4	4	配有洗涤池，存放清洁工具、清洁推车等
就餐空间使用面积小计			568	
公共活动空间				
小型活动室	2	40	80	供开展棋牌、阅览、书画等活动
中型活动室	1	75	75	供开展音乐、舞蹈等活动
多功能厅	1	350	350	供开展大型活动、会议使用，容纳大约200人左右
- 前厅	1	60	60	供人员聚集、等候的空间
- 设备间	1	8	8	供音响、视频设备操作使用
- 准备间	1	12	12	供演出人员化妆、候台使用
- 附设仓库	1	20	20	存放备用桌椅、节日装饰品、活动用品等物料
公共卫生间	1	34	34	设置男女卫生间各1套及1个独立无障碍卫生间，供活动室和多功能厅就近使用
清洁间	1	4	4	配有洗涤池，存放清洁工具、清洁推车等
公共活动空间使用面积小计			643	
医疗及康复空间				
门厅及等候区	1	20	20	供老人候诊、休息使用，设置等候座椅
入住评估室	1	20	20	供开展入住老人的行为能力评估
药房	1	25	25	供存放每位老人的常用药品及医护人员分药、摆药使用
诊室	2	20	40	供医生就诊使用，可设1间西医诊室和1间中医诊室
点滴室	1	25	25	供本设施老人打点滴使用，含药品准备室
治疗室	1	10	10	供医护人员开展检查、治疗等医疗操作使用
处置室	1	10	10	供对使用后的医疗用品进行分类、处置，宜邻近治疗室
观察病房	1	15	15	设置观察床，供医护人员对老人进行病情观察使用
理疗/针灸室	1	15	15	设置理疗床，供开展理疗、针灸等
康复室	1	45	45	设置作业治疗（OT）和物理治疗（PT）相关设备器具，供老人开展康复训练使用
康复师办公室	1	10	10	供康复师更衣、办公、休息使用
公共卫生间	2	4	8	设置2个独立无障碍卫生间，供医疗康复区就近使用
清洁间	1	4	4	配有洗涤池，存放清洁工具、清洁推车等
污物间	1	4	4	供处理污物，暂存医疗垃圾使用，配有污物池、洗涤池等
其他用房				视具体项目情况而设，如化验室
医疗及康复空间使用面积小计			251	
公共空间使用面积共计			**1648**	公共空间使用面积=入口及门厅空间使用面积+就餐空间使用面积+公共活动空间使用面积+医疗及康复空间使用面积

（三）辅助服务空间 包含功能及面积参考指标如下：

功能空间名称	空间数量	使用面积（m²）每间/个	使用面积（m²）合计	备注
后勤服务用房				
中央厨房	1	320	320	含粗加工间、热加工间、冷荤间、洗消间、食品库房等（厨房内部走廊计入面积）
- 卸货区	1	10	10	供采购车辆停靠，以及工作人员卸货和清点、记录货品
- 办公室	1	9	9	供厨房工作人员办公、休息使用
- 员工更衣室	2	12	24	供厨房工作人员更衣使用，可附设淋浴设施
- 员工卫生间	2	4	8	供厨房工作人员专用
公共洗衣房	1	60	60	供洗涤本设施的被服用品等大件布草，设置消毒、洗涤、烘干等设备
小型库房	3	15	45	供存放文件、办公用品、辅助器具等
大型库房	2	45	90	供存放被服、家具、备品等大件物品
后勤服务用房使用面积小计			566	

第3节　建设规模与建筑功能配置　　　　　　　　　　　　　3-3

续表

功能空间名称	空间数量	使用面积（m²）每间/个	使用面积（m²）合计	备注
员工用房				
员工餐厅/休息区	1	100	100	供员工就餐使用，可兼做员工活动室、休息区
员工宿舍（六人间）	12	28	336	可为72位员工提供住宿床位
员工盥洗室及浴室	2	18	36	含盥洗区、洗衣间及淋浴间
员工更衣室	2	20	40	设置男、女更衣室各1套
公共卫生间	1	20	20	设置男、女卫生间各1套
晾晒场地	1	—	—	供员工晾晒衣物，可位于屋顶露台或室外场地，暂不计入面积
员工用房使用面积小计			532	
行政管理用房				
办公室	4	25	100	供行政管理人员办公使用
财务室	1	20	20	供财务人员办公管理使用，不宜与其他房间合设
社工室	1	20	20	供社工办公、休息使用
院长室	1	20	20	含院长办公、接待使用
会议室	1	45	45	供20~30人开会使用
档案/资料室	1	20	20	存放老人的档案资料、设施的管理记录、文件资料等
公共卫生间	2	5	10	供工作人员使用，设置男女卫生间各1套，配有洗涤池、墩布池
行政管理用房使用面积小计			235	
设备用房（设备用房需根据具体项目情况设置，以下仅作示意）				
消防控制室	1	30	30	设置火灾自动报警控制设备和消防控制设备，宜在建筑的首层或地下一层
中央控制室	1	30	30	设置监控设备及工作人员值班台
空调机房	1	100	100	除居住层外的其他楼层空调机房
制冷机房	1	400	400	具体面积需根据建筑实际情况确定
送风机房	1	50	50	同上
排风机房	1	30	30	同上
弱电机房	1	40	40	同上
有线电视机房	1	15	15	同上
信号放大机房	1	15	15	同上
变配电室	1	200	200	同上
生活水泵房	1	60	60	同上
消防水泵房	1	40	40	同上
消防水池	1	80	80	同上
其他设备用房		200	200	视具体项目需求设置
设备用房使用面积小计			1290	
辅助服务用房使用面积共计			**2623**	辅助服务用房使用面积=服务用房使用面积+员工用房使用面积+行政管理用房使用面积+设备用房使用面积

设施指标总计		
总床位数	450床	共9个护理组团，每个护理组团50床
各类房间使用面积	10868m²	各类房间使用面积=居住空间使用面积+公共空间使用面积+辅助服务用房使用面积，不含公共交通（楼电梯、公共走廊）、建筑结构（内外墙体、柱）面积
总建筑面积	15500~18100m²	总建筑面积=各类房间使用面积÷使用系数，使用系数按0.6~0.7计算
床均使用面积	24m²	床均使用面积=各类房间使用面积÷总床位数
床均建筑面积	34~40m²	床均建筑面积=总建筑面积÷总床位数
老人居室面积配比	47%	老人居室面积配比=老人居室使用面积÷各类房间使用面积
公共服务配套面积配比	53%	公共服务配套面积配比=公共服务配套使用面积（公共空间使用面积+辅助服务空间使用面积）÷各类房间使用面积

第三章　项目的全程策划与总体设计

社区养老设施功能空间配置与面积指标示例

社区养老设施类型较多，本页仅以社区日间照料中心为例，给出常见规模下的日间照料中心功能配置及面积指标示例。

▶ **示例：社区日间照料中心**

服务40人左右的2层社区日间照料中心功能配置与面积指标参考表[1]　　　　表 3.3.3

（一）公共空间　　包含功能及面积参考指标如下：

功能空间名称	空间数量	使用面积[2]（m²）每间/个	合计	备注
入口雨棚	1	10	10	雨棚考虑覆盖入口平台、台阶及坡道，算1/2面积
门厅	1	30	30	含休息区及衣物存放区
服务台	1	8	8	供工作人员接待、办公使用
电梯厅	2	8	16	每层各1处
餐厅	1	80	80	容纳大约40位老人在此集中就餐，按人均2m²计算，含备餐、分餐台
多功能活动区	1	48	48	供老人开展手工、唱歌、做操等活动，宜为开敞式的活动空间
网络、阅览室	1	24	24	供老人进行上网、阅读等活动
棋牌室	1	24	24	供老人开展棋牌活动
休息区	1	20	20	半开敞式的休息区，设置沙发、躺椅等，可与多功能活动区合设
休息室	2	24	48	供老人午休的房间，可摆放多功能沙发、折叠沙发床等
康复训练区	1	48	48	供老人进行简单的康复训练活动使用，可为开敞式的活动空间，或与多功能活动区合设
心理疏导室	1	15	15	可兼做谈话室、接待室，宜与其他空间保持独立
医疗保健室	1	20	20	供医生定期就诊使用
公共浴室	1	18	18	包含更衣区、淋浴区，男女分时使用
公共卫生间	2	18	36	设置男女卫生间及独立无障碍卫生间，每层各1套
公共空间使用面积共计			**445**	

（二）辅助服务空间　　包含功能及面积参考指标如下：

功能空间名称	空间数量	使用面积（m²）每间/个	合计	备注
厨房	1	60	60	含操作间、洗涤间、食品库房等
公共洗衣房	1	10	10	设置2~3台洗衣机，供洗涤老人临时更换的衣物及小件布草等
晾晒平台	1	3	3	供晾晒衣物使用，算1/2面积
办公室	2	18	36	供社工、管理人员办公使用，可存放文件资料、老人档案等
清洁间	2	4	8	配有洗涤池，存放清洁工具、清洁推车等，每层各1处
储藏空间		20	20	集中或分散设置的储藏空间，存放日常物料、备品等
其他用房		20	20	视具体项目需求设置（预留设备用房等）
辅助服务空间使用面积共计			**157**	

设施指标总计

各类房间使用面积	602m²	各类房间使用面积＝公共空间使用面积＋辅助服务空间使用面积，不含公共交通（楼电梯、公共走廊）、建筑结构（内外墙体、柱）面积
总建筑面积	860~1000m²	总建筑面积＝各类房间使用面积÷使用系数，使用系数按0.6~0.7计算
人均使用面积	15m²	人均使用面积＝各类房间使用面积÷总服务人数（按40人计算）
人均建筑面积	22~25m²	人均建筑面积＝总建筑面积÷总服务人数

1　本表以实际项目为基础编写而成。项目配建于大城市新建社区中，主要为社区内及周边的老人提供日间照料、就餐、康复等服务。地上2层。
2　表中各类功能空间的使用面积均不含走廊等公共交通使用面积以及建筑结构面积。在本表最后给出的总建筑面积里，再统一计入公共交通使用面积及建筑结构面积。

第四章
场地规划与建筑整体布局

第1节　场地规划与设计

第2节　建筑空间组织关系与平面布局

第3节　建筑空间流线设计

CHAPTER.4

第1节
场地规划与设计

第1节 场地规划与设计

4-1

场地规划设计的主要内容

▶ **场地规划设计的主要内容**

本节的场地规划设计主要包括建筑布局、道路规划和活动场地三方面的内容。由于老年人在生理和心理上的特殊原因，养老项目的场地设计与常规项目相比，有一些不同点，对人性化的要求高，对设计细节的要求更严格。需要综合考虑，合理规划，从老人的实际需求出发进行全面设计（图 4.1.1）。

建筑布局

场地设计中应优先考虑建筑的位置，合理规划建筑各功能区的布局和出入口，确保老年人居住空间和主要活动的场所具有良好的日照条件。

道路交通

采用合理的人车通行方式，减少车辆对老人安全的影响。道路与停车场要满足多种机动车和非机动车的行驶及停放要求。要为老人提供良好的步行条件，路面应满足适老化无障碍设计要求，避免老年人发生意外跌倒等事故。

活动场地

活动场地是老年人日常频繁使用的场所，应通过日照计算，布置在冬季日照良好、不受寒风侵袭，夏季有阴凉、通风畅快的区域。设计时还应根据老人身体条件，布置适宜、丰富的活动设施。

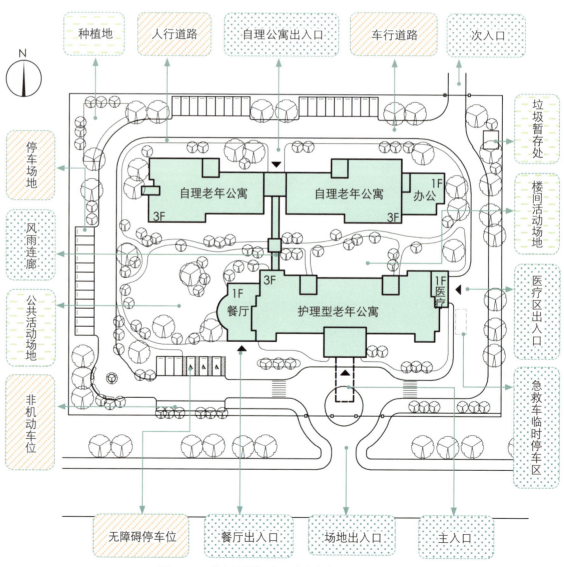

图 4.1.1 养老设施场地设计应考虑的主要因素

场地规划设计的常见问题①

在我们的调研中发现,很多养老项目的场地设计对老年人行为和心理的特殊性考虑不够深入,过度突出形式感忽略了老人的需求,导致出现了诸多使用问题,以下列举一些常见的错误案例。

▶ 场地设计常见问题

场地规划设计的常见问题总结　　　　　表 4.1.1

活动场地日照条件差	不同功能流线交叉干扰	场地过于封闭
将老人室外活动场地设在了北侧,而南侧的建筑过高,形成了对场地的遮挡,使活动场地长期处于阴影之中,特别是北方地区冬季冰雪难以融化。	急救车出入流线与主入口人行流线混合交叉,对日常进出的老人造成不良影响。	一些养老设施为防止老人走失或者发生其他意外,将场地围合得过于封闭,形成了"孤岛",切断了养老设施与周边社区的联系,加深了老人的孤独感。
入口广场交通无组织	室外空间过于形式化	室内外缺乏过渡空间
建筑的主入口场地仅设计成简单的广场,并未规划出明确的步行道与车行道。使行人和司机无所适从,容易产生冲撞,不利于老年人通行。	一些养老设施户外场地着力打造高大上的景观绿化,过度追求形式与构图,布置了过多草坪、花池、水景及小品,造成活动场地使用受限、可观而不可用的问题。	建筑室内外缺少连廊、门廊、四季厅和阳光房等过渡空间。天气不好时,老人无法到达其他建筑。冬季和夏季,老人缺少晒太阳和乘凉避暑的场所,难以和大自然亲密接触。

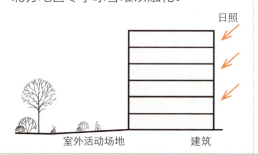
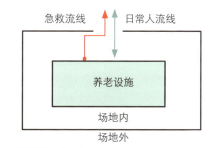
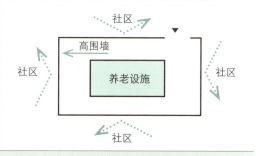

第1节　场地规划与设计

场地规划设计的常见问题②

4-1

续表

人行道与车行道颜色混淆	人行道路凹凸不平	车行交通复杂
当人行道路面铺装颜色与车行道接近时，容易造成混淆，给视觉分辨能力差的老人带来困扰和危险。	人行道路面材质凹凸不平、存在微小高差，不利于使用拐杖、推行轮椅或助行器的老人行走。	老年人行动迟缓，反应速度较慢，复杂的车行流线和标识，会给老人造成心理负担和通行困扰。

停车位类型单一	停车位不足	场地无法满足急救车停靠
很多养老设施场地只设计了普通轿车车位，未设无障碍车位。并且常忽略大型车辆的停车位，如大巴车等停靠和落客的问题。	亲属在节假日来探望老人时，开车人数会高于平日，如果规划的停车位数量不足，会导致机动车无处停放，侵占绿化及通行空间，增加不安全因素。	场地中没有考虑急救车转弯和停靠需求。一些项目主入口处台阶范围过大，而雨棚伸出较小。急救车无法靠近建筑大门，雨雪天气运送生病老人上下车十分不便。

建筑布局设计原则①

出入口配置层面

在老年项目布局中,建筑与街道的关系,出入口的位置,建筑之间的连接方式都与老年人的生活需求及管理运营方式息息相关,需要我们从多方位进行全面考虑。

▶ **养老设施各主要功能宜有独立出入口**

养老项目中的建筑或建筑群由多种功能组成,如医疗用房、居住用房、公共活动用房和后勤用房等。因各部分的使用人群不同,会有不同要求,有些功能需要设置独立出入口,减少相互之间的干扰(图4.1.2)。

1. 自理老人、半失能和失能老人的服务模式和居住模式不同,其楼栋宜分设出入口。

2. 由于医疗用房会有兼顾对社区服务,以及急救车停靠和运出医疗垃圾的需要,因此医疗部分应设独立出入口。

3. 厨房后勤部分会有货物、垃圾等进出,其出入口应与主入口分离,相对隐蔽,并预留货车停靠场地。

4. 养老项目内的大餐厅、多功能厅和教学区等面积较大的公共空间,其位置宜靠近主要出入口,或设置独立出入口,并须预留外部访客停车位,兼顾对外服务。

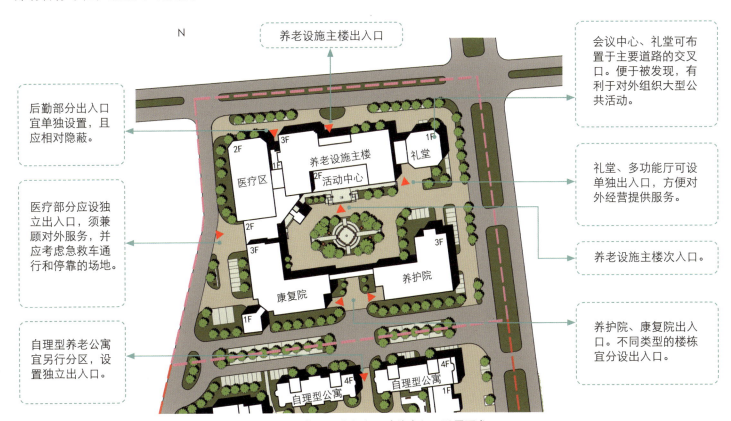

图 4.1.2　养老设施各主要功能出入口设置要求

第1节 场地规划与设计

建筑布局设计原则②
室内外空间联系层面

▶ **室外场地不宜过于封闭**

养老设施中的老年人喜爱关注外界的活动，喜欢观望周边的街景，如果基地内的活动场地能够与外界的公园、广场等社会公共设施有视线上或路径上的联系（图4.1.3），对于避免老人产生疏离感，鼓励老人融入社会活动会有积极作用。

▶ **室内外宜设置过渡空间**

老年人对环境变化较为敏感。温度的骤变、风吹日晒都会给老人带来身体的不适。需要在建筑室内和室外活动场地之间设置过渡空间，如连廊、架空层、阳光房等。过渡空间宜靠近活动场地，当风雨来时，老人可及时找到遮蔽的场所。此外，当天气不佳时，老人在过渡空间中也有机会接触室外环境，体弱的老人可以有安定的环境，观看其他人的活动，间接参与到活动当中。

▷ **风雨连廊**

养老项目中一般需要用连廊将各个楼栋串联起来，方便老人通行和在廊中休闲。在日照强烈的天气里，连廊能遮挡阳光，带来阴凉；在雨雪天气里，连廊能遮挡雨雪，避免地面湿滑（图4.1.4）。

▷ **架空层**

建筑底层架空的形式在南方地区比较常见，其不仅为老人提供了与室外环境接触的场所，还可以遮风避雨，形成很好的阴凉区、通风区，是十分理想的半室外休闲活动空间，可供老人进行棋牌、体育锻炼、休闲聊天等活动（图4.1.5）。

▷ **阳光房**

北方地区冬季较长、气候寒冷，体弱老人不宜外出，但每天老人仍然有晒太阳的需求。阳光房透明，有很好的视野，冬日阳光射入时，可以蓄热，使阳光房内有较舒适的温度，非常受老人青睐。（图4.1.6）。

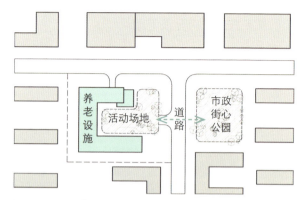

图4.1.3 活动场地临近市政公园

图4.1.4 风雨连廊连接各个楼栋

图4.1.5 底层架空休闲区

图4.1.6 供老人休闲的阳光房

道路交通设计原则①

交通组织层面

▶ **交通组织宜采用人车分流方式**

养老项目的交通组织方式应充分考虑老年人行动慢、反应迟缓的特征，应对老年人的步行路线进行有效的保护，避免行驶车辆对老人造成伤害。特别是形体小、速度快的车辆（如电动自行车、摩托车等），不容易被及时发现。为保证老人出行安全，车行系统宜与人行系统互不干扰，人车分流的形式是比较理想的组织方式。

▷ **车行道与人行道应区分明确**

一般来说，车行道和人行道的铺装可采用对比较大的颜色，使老人容易区分。为进一步保证老人步行安全，还可以在人行道和车行道之间进行分隔（图4.1.7）。当用地条件比较宽裕的时候，可以通过绿化隔离带来区隔人行与车行道路（图4.1.8）。

图4.1.7 人行道与车行道用颜色、铺装区分

图4.1.8 人行道与车行道用绿化分隔

▷ **人行道与车行道断面关系**

老人出行以慢行为主，应保证安全、舒适的步行空间。人行道应满足轮椅与一人错位通行，其宽度不宜小于1.2m，机动车道应满足消防车通行要求，其宽度不应小于4m（图4.1.9）。

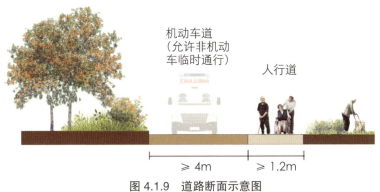

图4.1.9 道路断面示意图

第1节　场地规划与设计

道路交通设计原则②

人行道层面

▶ **人行道路应满足适老化要求**

▷ **人行道保持连续性**

在设计时应尽量保证人行道连续，减少老人穿越车行道的频率，保障出行安全性（图 4.1.10）。如果车行道必须穿越人行道时，则须设置醒目的提示标识，如通过改变铺地形式，设置信号灯或警示标识等形式，引起老人注意。

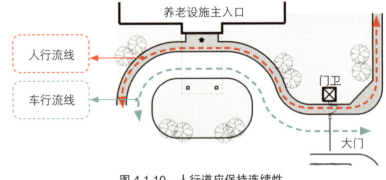

图 4.1.10　人行道应保持连续性

▷ **路面材料应平整、防滑**

使用模仿自然肌理的石材、卵石、地砖等材料铺砌而成的道路，容易形成凹凸不平的表面，虽然有防滑和美观的效果，但对借助拐杖、助行器等器具行走的老人来说，会出现器具着地不稳，晃动颠簸的问题，容易发生意外跌倒的危险（图 4.1.11）。人行道路的材料不仅要防滑，而且还要平坦、质地均匀、无反光。

图 4.1.11　地面铺装对比

▷ **道路高差较大时，宜集中处理**

人行道应尽量保证平整，或通过缓坡解决高差。如果场地高差较大，则建议将高差合并在某些位置上集中解决，北方多雪地区地面易结冰，缓坡不宜被老人察觉，反而容易滑倒，因此要在坡道旁另设踏步和扶手（图 4.1.12）。

图 4.1.12　高差较大时，应同时设置坡道及踏步

道路交通设计原则③

车行道层面

▶ **车行道路规划不宜复杂**

机动车行驶的速度快，对慢速步行的老年人形成了安全隐患，复杂的机动车行驶路线会加重这种影响，交通路线设计应注意如下要点：

1. 车行道路系统应简单清晰，避免出现复杂的交叉转弯路口（图4.1.13）。
2. 车行道路宜采用单向路线，尽量避免错车的可能性，为老人过马路提供便利（图4.1.14）。

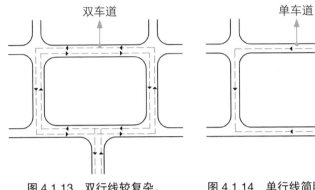

图4.1.13 双行线较复杂，易给老人带来困惑

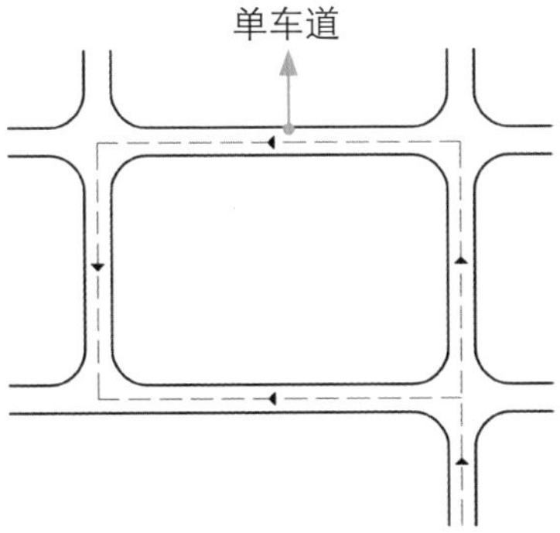

图4.1.14 单行线简明，利于老人安全通过马路、及时避让车辆

▶ **场地应满足五类机动车辆通行需求**

养老项目中由于包含多种功能，如医疗、餐饮、居住和后勤等，其场地内经常通行的机动车辆种类也较多，归纳起来主要包括以下五种类型（表4.1.2）。车辆通行及停靠对道路宽度、转弯半径及车位大小有影响，设计时需引起注意。

各类机动车通行及停车需求要点　　　　表4.1.2

类型	图像示例	通行要点	停车位尺寸	停车要点
普通车辆	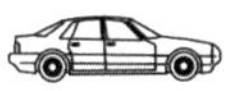 🚗	以微型、小型车为主；道路转弯半径不宜小于6m	2.5m×(5~5.5m)	养老设施内老人拥有车辆较少，此类停车位不必过多；但家属来探望时的客用临时车位较多，需要预先有所考虑
救护车辆	 🚑	应在医疗区独立出入口旁设置；周边留出适当空间，便于担架进出；转弯半径不宜小于7m	3m×6m	优先位于地上，靠近医疗区，也可位于地下车库内；根据需要设置1~2个车位
后勤车辆	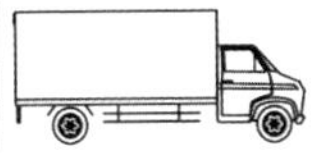 🚚	小型货车为主，周边预留出卸货场地，道路转弯半径不宜小于7m	3m×(6~7m)	停靠区域应临近厨房、洗衣房等后勤功能用房；根据需要设置1~2个车位
出游车辆	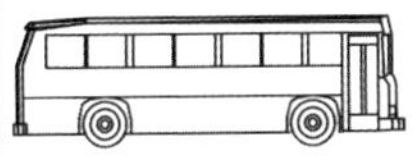 🚌	因转弯半径较大，需预留出一定面积的场地	大巴车：3.5m×(12~14m) 中巴车：3.0m×(8~10m)	宜位于地上，并靠近主入口；宜设置1~2个车位，若条件有限，可仅预留临时停靠场地；落客区宜设置雨棚
消防车辆	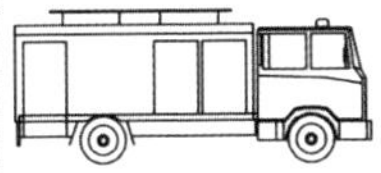 🚒	道路宽度不小于4m；道路转弯半径不宜小于9m	可不设专用车位	满足相应规范要求，并应考虑消防车临时停靠场地

第1节　场地规划与设计

道路交通设计原则④

停车场层面

▶ **停车场中的无障碍车位应靠近建筑出入口**

半失能和失能老人行动缓慢，上下车不便，需要人力协助。无障碍车位若靠近建筑主入口附近设置，可以缩短老人行动距离，便于他人辅助。

▶ **无障碍车位应设轮椅通道与人行道路衔接**

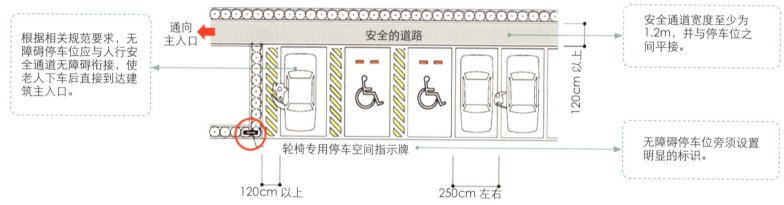

图 4.1.15　无障碍停车位及连接步行道设置要求

▶ **非机动车停车位宜临近人员出入口**

调研中发现，养老设施场地内的非机动车数量比较多，其停车场地应充分予以重视，以免出现乱停乱放的情况，经常出现的非机动车主要包括：

- 老人车辆
- 员工车辆
- 家属、访客车辆
- 货运、快递车辆

非机动车位宜位于地上，并靠近主入口或后勤入口设置，以方便就近停放。并考虑附设电源，为电动车充电。

非机动车不宜停放在地下 　　非机动停车位宜设置顶棚 　　利用架空空间停放非机动车

图 4.1.16　非机动车停车位设置要求

室外活动场地设计原则①
选择良好位置

▶ **室外活动场地的位置选择**

活动场地应保证冬季阳光充足、夏季通风，加强老人活动的安全性和实用性，营造友善、舒适的室外环境。

▷ **活动场地应布置在冬暖夏凉的位置**

室外活动场地应布置在园区的南侧，并避免周边过高的建筑遮挡其阳光，常年没有日照的区域不适合作为老年人的活动场地（图 4.1.17）。

- 在冬季，场地有充足日照，寒风可被遮挡。
- 在夏季，场地有阴凉，通风良好。

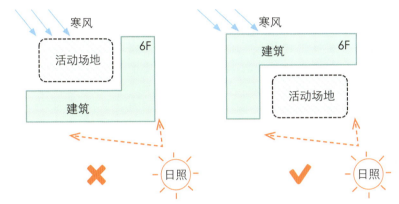

图 4.1.17　活动的场地应布置在建筑的南侧避风向阳处

▷ **活动场地位置应易于被看到**

老人喜爱从室内欣赏外面的风景或观察其他人活动，尤其是行动不便的高龄老人。因此，室外活动场地的位置最好能够从室内多点清晰地观望到，这会有利于吸引老人的注意力，提高老人参加室外活动的兴趣（图 4.1.18）。

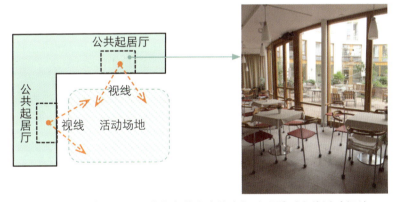

图 4.1.18　功能布局时应考虑从室内能方便地观看到室外活动场地

▷ **活动场地宜毗邻出入口**

毗邻建筑出入口设置活动场地（图 4.1.19），主要有三方面优点：

1. 由于进出人员多，便于吸引他人，包括周边地区的居民，利于营造多样的较大型的活动。
2. 老人能通过观望进出设施的人流活动获得乐趣，接触社会。
3. 老人可以很容易地到达场地和返回室内，尤其有利于身体虚弱的老人进行短时的室外活动。

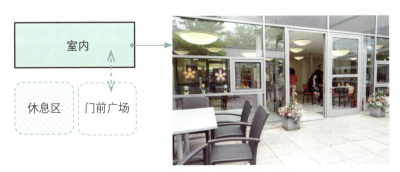

图 4.1.19　出入口旁可设置休闲桌椅

第1节　场地规划与设计

4-1

室外活动场地设计原则②
照顾特殊需求

▶ **失智老人应设独立活动场地**

中、重度失智老人常会发生迷路、情绪异常等行为，如果将失智老人和健康老人混合在同一场地中活动，有可能产生冲突，需要安排较多的护理人员进行照护管理。因此，失智老人的活动场地比较理想的布局方式是独立成区（图4.1.20）。这对失智老人会更加安全，同时节约照护人力，也避免对其他老人产生干扰。

▶ **屋顶可作为专用花园**

在实际项目调研中看到，屋顶平台经常会被作为老年人的活动场地使用，特别是在用地紧张、室外活动场地不足的情况下，屋顶常可作为补充场地，承担一些专项活动。如设置花园、小型种植区、休闲茶座等。设置时应注意如下事项：

- 屋顶花园可设置在低层或裙楼的屋顶，既充分利用建筑空间，又能得到高层视线的关注（图4.1.22）。

- 处理好从室内进入屋顶场地的高差，可采用屋面降板等设计手法，减小高差，满足无障碍使用要求。

- 在布置较多空调室外机和设有大量排气道、排气管的屋顶区域不宜布置活动场地。因其活动面积受限，气味和管道也会影响活动环境（图4.1.21）。

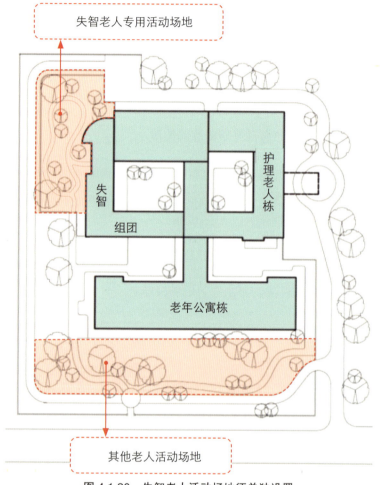

图 4.1.20　失智老人活动场地须单独设置

图 4.1.21　屋顶活动场地应避开管线多的位置

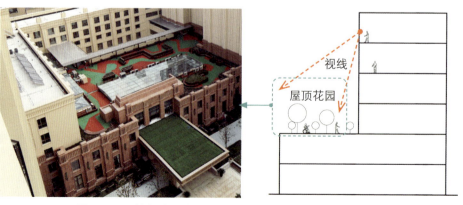

图 4.1.22　较低楼层的屋顶活动场地可得到高处视线的关注

第四章 场地规划与建筑整体布局

室外活动场地设计原则③
保证安全、无障碍

▶ **室外活动场地应保障老人安全**

▷ **减少危险因素保持环境友好**

老年人身体灵活性退化、反应速度变慢，因此应避免活动场地中出现各种危险因素（图4.1.23）。

1. 场地尽量平缓，减少高差，如有小台坎，需要找坡过渡，便于使用轮椅或助步器的老人通行。

2. 地面应选择平整防滑、渗水性强的材料，并确保雨后排水通畅，避免老人涉水滑倒。

3. 场地内不应饲养大型、凶猛的动物，防止冲撞或惊吓到老人。不能种植有毒、多刺的植物，以避免意外扎伤老人。

4. 场地设计要避免引起老人心理或生理不适，如高架的空中连廊、阴暗隐蔽的场所、狭窄的道路和陡峭的台阶等。

场地中饲养凶猛的犬类

开敞高空桥梁

桥梁无护栏　　台阶旁无扶手

图4.1.23　室外活动场地应注意消除危险因素

▷ **通过视线设计加强对活动场地的监管**

室外活动场地应在室内人员的视线范围内，当老人在室外发生情况时，可以及时被关注到，便于采取相应的急救措施。

- 设计时尽量做到让管理区、前台和公共起居厅等空间内的工作人员或其他人，可通过外窗及时了解室外场地的活动情况（图4.1.24）。

- 老人活动场地不应被树木遮挡得过于隐蔽，应该保证视线通畅。当老人出现意外情况时，能够被他人及时发现（图4.1.25）。

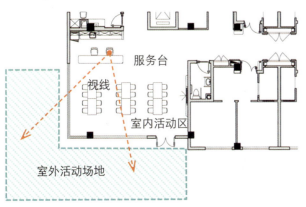
图4.1.24　室外主要活动场地应布置在人们可关注到的地方

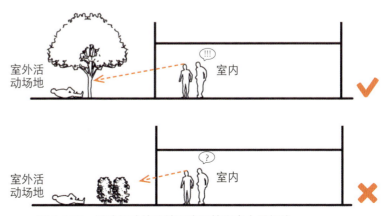
图4.1.25　活动场地的植被不应阻挡室内人员视线

83

第1节　场地规划与设计　　　　　　　　　4-1

室外活动场地设计原则④
创造丰富性

▶ **室外活动场地应具有丰富性**

▷ **室外活动场地需包含多种功能**

老人在养老设施内长期居住，因身体原因，行动范围小，主要在建筑周边活动，接触的事物会较为单一。而室外活动场地是老年人开展日常活动的主要场所，场地应该在有限的空间内提供更多的活动可能性，使多种功能共存，其中主要包含老人活动健身场地、休闲社交场地、景观绿化场地和儿童活动场地等（图 4.1.26）。

1. 健身活动场地需要场地开敞，可有多种功能用途，如打球、练剑、做操等。沿边宜设置运动器械，可和儿童游戏场所邻近，便于老人和儿童互动交流，相互观望。

2. 休闲社交场地可分散设置，主要位于出入口附近或活动场地周边。老人在休息、聊天、晒太阳、乘凉的同时，也可观看他人活动。场地应配置遮阴挡雨的廊架、亭、伞、树等设施和植物。

3. 景观绿化场地不宜大面积配置观赏性草坪，应充分考虑老人的参与性。绿地中可布置不同类型的园艺种植区、动物区，让老人认领花圃、小动物，参与劳动，刺激五感。

4. 儿童活动场地应布置在大多数老人能够看到的场所，使其成为视觉中心。儿童的身影和活力能给老人带来欢乐和积极的情绪，也能为带孩子来探望的家属提供方便。

健身运动场地

休闲社交场地

景观绿化场地

儿童活动场地

图 4.1.26　养老设施活动场地的主要功能

第四章 场地规划与建筑整体布局

▷ **楼前活动场地和中心活动场地均应保证丰富性**

养老项目中往往有每个楼栋前的小花园和几个楼栋围合起来的公共中心花园,有些项目会将每个花园赋予不同的功能,如休闲园、运动园、观花园等,但老人因身体条件限制,不方便走出很远活动,因此在楼前的小花园内也需要多功能和丰富性,既有安静休息区域,又有一些运动器械;既可以观赏景观,也可以锻炼身体(图 4.1.27)。

如图 4.1.28,某养老项目场地规划中,A 区域为中心公共活动场地,B、C、D、E 四处为楼前活动场地。在规划场地活动内容时,不应在 B、C、D、E 的用地中分别布置单一的功能,而应将多种活动散布其中,每个场地都可设置一些种植地、散步道、健身器械、休闲座椅、绿化小品等设施,方便老人就近使用,参与活动。

图 4.1.27 老人活动场地包含多种功能

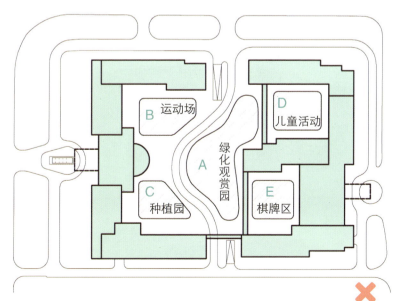
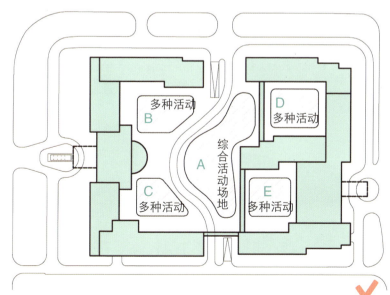

图 4.1.28 各种活动场地均需保证丰富性

第 2 节
建筑空间组织关系与平面布局

第2节　建筑空间组织关系与平面布局

4-2

养老设施建筑功能空间组织关系①
机构养老设施示例

养老设施的建筑空间组织关系反映了空间的流线关系以及相互间联系的紧密程度。在养老设施设计中，有些空间需要相互邻近以提高服务效率，有些空间则需要适当分离，避免影响老人的居住感受。明确各空间的组织关系是进行养老设施各层平面设计的前提。（有关养老设施的流线设计可参见本书4-3节）

▶ 机构养老设施建筑功能空间组织关系示例

以一中等规模（200床左右）的面向不同失能程度的老人为主的护理型养老设施为例，其常见的功能构成及空间组织关系如下图所示：

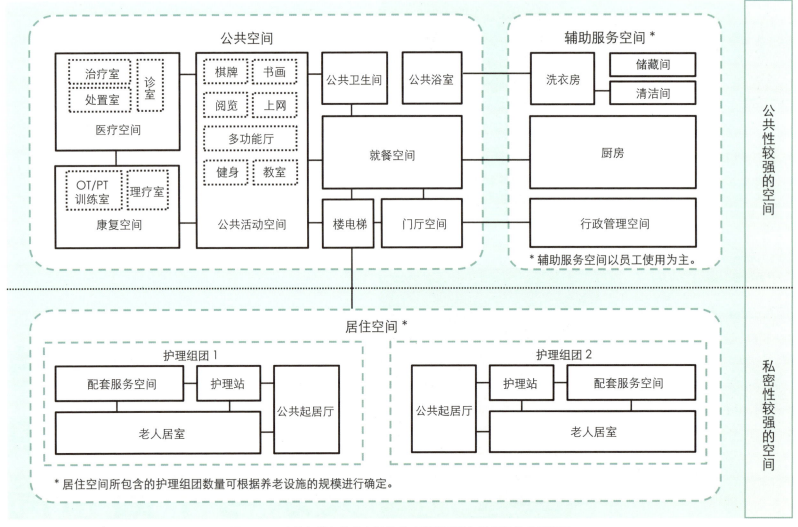

* 辅助服务空间以员工使用为主。

* 居住空间所包含的护理组团数量可根据养老设施的规模进行确定。

图 4.2.1　中等规模机构养老设施的功能配置及空间组织关系示意图

养老设施建筑功能空间组织关系②
社区养老设施示例

▶ **社区养老设施建筑功能空间组织关系示例**

社区养老服务设施的功能需要与社区自身的实际养老需求相匹配，不同的社区由于老年人需求、社区既有资源存在差异，所配建的社区养老服务设施功能也会有所不同。由于社区中的用地资源、建设条件往往有限，养老设施部分功能可以利用社区既有设施，实现服务资源的共享。

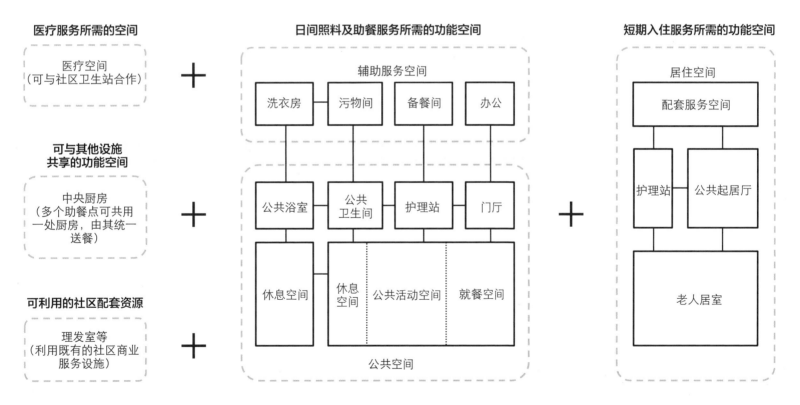

图 4.2.2　社区养老设施的功能配置及空间组织关系示意图

第2节　建筑空间组织关系与平面布局

养老设施建筑空间整体布局①
竖向布局示例

以一个中等规模（200床左右）的养老设施楼栋单体为例，从竖向布局角度说明建筑各层的功能分区。

▶ **养老设施建筑竖向布局示例**

一般来讲，对于单栋的养老设施而言，其建筑整体功能布局通常采用将公共空间集中设在建筑的底层，居住空间设于建筑上层的形式。这样可以保证居住空间的私密和安全，同时也有利于将部分公共空间对外开放。一些公共空间也可设在中间层或顶层，但须注意人数较多时的紧急疏散问题。

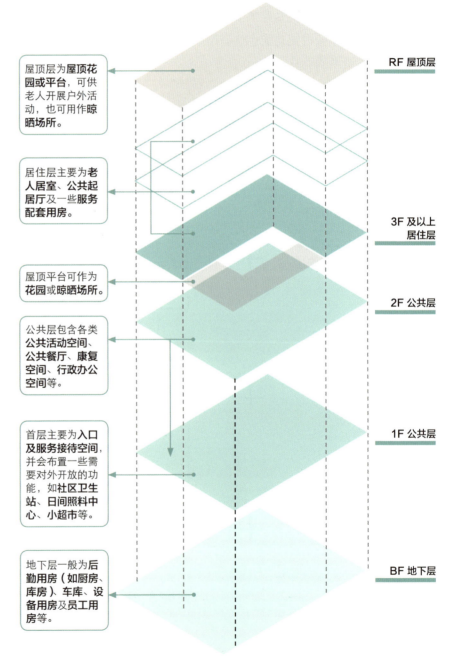

屋顶层为**屋顶花园或平台**，可供老人开展户外活动，也可用作**晾晒场所**。

居住层主要为**老人居室、公共起居厅**及一些服务配套用房。

屋顶平台可作为**花园**或**晾晒场所**。

公共层包含各类**公共活动空间、公共餐厅、康复空间、行政办公空间**等。

首层主要为**入口及服务接待空间**，并会布置一些需要对外开放的功能，如**社区卫生站、日间照料中心、小超市**等。

地下层一般为**后勤用房**（如厨房、库房）、车库、设备用房及员工用房等。

RF 屋顶层

3F 及以上 居住层

2F 公共层

1F 公共层

BF 地下层

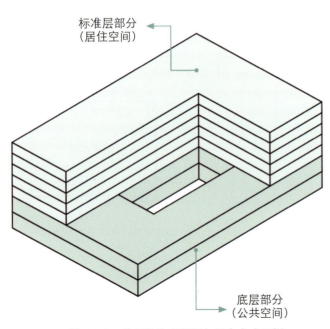

标准层部分（居住空间）

底层部分（公共空间）

图 4.2.3　养老设施空间竖向组合方式示例

图 4.2.4　养老设施的竖向整体布局示意

养老设施建筑空间整体布局②
平面布局示例

以一个 100 床的护理型养老设施建筑为例[1]，分别说明建筑各层平面功能布局。

▶ **养老设施建筑平面布局示例**

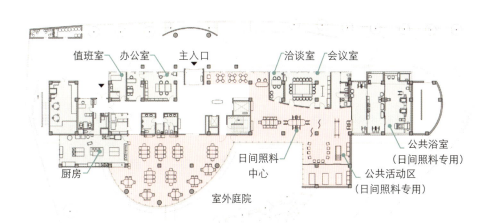

一层平面：主要包含门厅接待、办公管理以及餐厨空间。此外还安排了日间照料中心，其中设有专用的活动空间、公共浴室等。

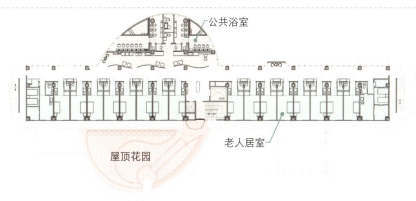

二层平面：设施从二层开始布置老人居室，并设有供所有居住者使用的公共浴室、屋顶花园等公共空间。

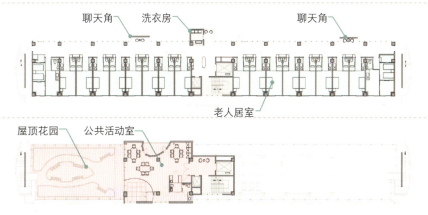

三至五层平面：主要为老人居室，并设有聊天角、小型洗衣房等公共服务配套空间。

六层（屋顶层）平面：屋顶层局部为室内公共活动室，此外还有屋顶花园供老人进行室外活动。

图 4.2.5　养老设施的平面整体布局示意[2]

1　项目名称：日本埼玉县マナ养老设施。
2　建築思潮建築所.建築設計資料 66 老人保健施設・ケアハウス[M].東京：建築资料研究社，2015.本图根据该资料翻绘。

第2节　建筑空间组织关系与平面布局

4-2 养老设施标准层平面布局要求

养老设施的居住标准层主要包含老人居室及相应的公共配套服务空间，是养老设施的基本组成单元，其功能需求较为明确、设计要求也最高。在设计时需要综合考虑场地特征、日照条件、组团规模、服务模式等多种因素。

▶ 影响养老设施标准层平面布局形式的因素

影响养老设施平面布局形式的几类因素　　　　　　　　　　　表4.2.1

影响因素	描述	影响因素	描述
基地及其周边环境	基地形状、道路交通、景观要素等	老人的护理需求	自理、半失能、失能、失智等
规划建设指标	限高、容积率、建筑密度等	护理组团的规模及组合形式	10床、30床等；串联式、拼合式等（具体可参见本书5-1节护理组团）
日照条件	居住用房日照小时数要求等	服务效率需求	护理人员配比、服务动线等

▶ 要求1：须考虑日照要求的影响

▷ 受日照规范影响，我国养老设施标准层平面与国外存在一定差异

《养老设施建筑设计规范》（GB 50867-2013）中提出：居住用房冬至日满窗日照不宜小于2小时。对于我国大部分地区而言，充足的日照和采光条件是有必要的。从居住习惯来看，多数老年人也都较为注重居室朝向，南向居室往往要比其他朝向的居室更受青睐。因此我国养老设施的标准层往往以一字形、C形、E形、L形、王字形、回字形的单廊式布局为主，以使更多的老人居室获得好的朝向（详见下页表4.2.2）。

而国外一些国家对于养老设施居住用房的日照没有十分严格的要求，老年人对居室不同朝向的接受度较高，因此平面布局相对自由灵活，在设计时更多考虑的是用地及周边环境、护理服务效率等因素，常常出现组团式、中廊式的平面布局形式（图4.2.6）。

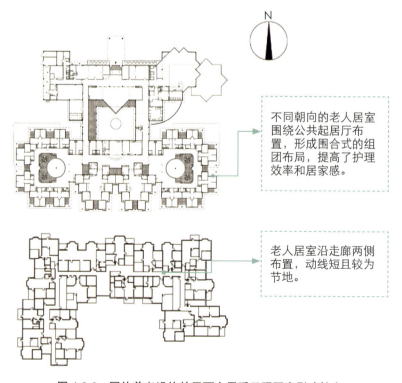

不同朝向的老人居室围绕公共起居厅布置，形成围合式的组团布局，提高了护理效率和居家感。

老人居室沿走廊两侧布置，动线短且较为节地。

图4.2.6　国外养老设施的平面布局受日照因素影响较小

要求2：须注意养老设施与医院、旅馆、住宅建筑的区别

由于我国养老设施的发展尚属初期，实际建成使用的项目不多，设计人员经验有限，在设计过程中有时会出现直接套用旅馆、医院或住宅设计模式的问题。养老设施与这些建筑在一些方面具有共性，例如在护理单元的设计上确实与医院有相似之处，而在公共空间和居住空间的整体布局方面又可以借鉴旅馆的设计思路，老人在此长期居住的属性又使养老设施的空间氛围要具有住宅般的居家感。但是应该注意的是，养老设施与这些建筑也存在许多差异。

养老设施与医院、旅馆、住宅建筑之差异比较　　　　　　表 4.2.2

	养老设施	医院	旅馆	住宅
居住时长	长期居住	短期居住	短期居住	长期居住
服务内容	以生活照料、文化娱乐、健康护理服务为主	以医疗护理服务为主	以住宿、餐饮、休闲娱乐服务为主	以物业管理服务为主
管理需求及特点	分组团管理，兼顾居住舒适性及服务效率	分护理单元管理，效率优先，对服务动线便捷性要求高	分层管理，注重隐私，服务流线与客人流线相对独立	分楼栋或小区管理
房间朝向要求	注重居室及公共空间的日照，对朝向有较高要求	注重病房布局紧凑、集中，对朝向有一定要求	注重客房数量和出房率，对朝向要求不高	注重套型整体的日照，对朝向有较高要求
标准层平面示例				

第2节　建筑空间组织关系与平面布局　　4-2

▶ **要求3：须考虑平面布局的可变性**

养老设施建成投入运营之后，随着时间的推移，往往会产生许多新的使用需求，从而对功能空间也提出新的要求。这些新的需求可能是由于入住老人的身体健康状况变化造成的，也可能是运营模式、服务管理方式的调整带来的。因此在最初的建筑设计之时，应为未来的变化留出余地，保证建筑空间与平面布局可根据需求适当调整。

▷ **养老设施全生命周期中可能发生的转变**

1. 入住老人身体健康状况的转变

随着老人年龄的增长，其身体状况都会经历由"健康"向"需护理"的转变。因此，即便是最初定位于以自理老人为主要服务对象的设施，在运营若干年后，也会面临已入住老人身体状况变差、护理需求增加、护理程度加深等问题。这会对养老设施的功能空间提出新的要求。

2. 运营方服务管理需求的转变

目前国内养老服务业尚属发展初期，服务运营模式仍处在探索期。随着运营方服务管理经验的逐步丰富，以及养老服务行业本身的发展与进步，养老设施的服务标准、管理模式等方面也可能会发生一定的转变，相应地也会对设施的空间格局提出一些新要求。

▷ **标准层平面布局可变性设计示例：实现护理组团的灵活划分**

以图 4.2.7 为例，设计之初将每个标准层作为一个护理组团。在运营初期入住人数较少、老人失能程度尚轻时，可以对每层进行统一管理。

随着时间的推移，入住老人失能状况往往会逐渐加重，其照护的难度和工作量都会有较为明显的提升。为进一步实现管理上的细化、保证护理服务质量，有可能需要将每层划分为两个护理组团。此时可通过对部分居室局部拆改和空间功能的调整，将原先的组团拆分为两个护理组团，并保证每个组团有相应的护理站、公共起居厅及配套服务空间。

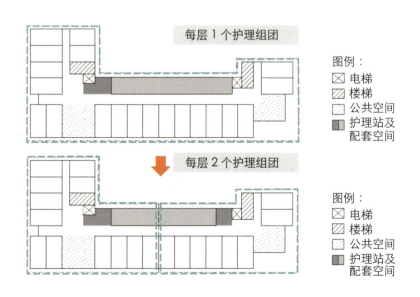

图 4.2.7　根据护理需求的变化，可灵活划分护理组团

养老设施标准层平面布局示例

▶ **我国养老设施常见的标准层平面布局示例**

标准层布局要点分析：

- **老人居室**应充分利用南向空间布置，用地条件有限时也可将居室布置在东向或西向。考虑节地或增加床位数等因素，也可设置少量的北向居室。

- **公共起居厅**应有较好的日照条件，因此应选择布置在南向或东西向，不宜设在北向。

- **服务配套用房**（例如护理站、管理室、清洁间、洗衣房等）可利用北向及日照条件不佳的位置（如建筑转角处）布置。

- **楼电梯**应利用北向及日照条件不佳的位置布置，楼梯位置要注意满足防火疏散距离要求。须注意老人主要使用的楼电梯应与护理站、公共起居厅邻近，以便管理。

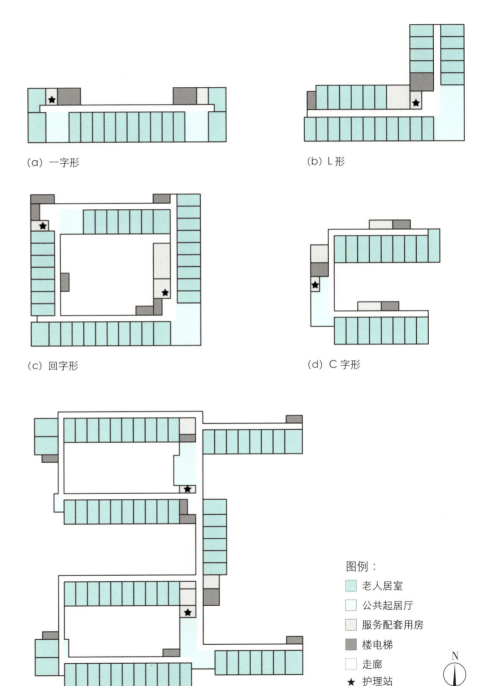

(a) 一字形　　(b) L 形

(c) 回字形　　(d) C 字形

(e) 混合型

图例：
- 老人居室
- 公共起居厅
- 服务配套用房
- 楼电梯
- 走廊
- ★ 护理站

图 4.2.8　国内养老设施常见的平面布局形式

第2节　建筑空间组织关系与平面布局

4-2

养老设施标准层典型平面布局分析①
一字形平面

▶ **一字形平面布局特点及适用范围**

▷ **特点**

- 由一条线性走廊串联起各个空间，南侧通常设置老人居住空间及公共起居厅，北侧设置护理站、管理室等配套服务用房及楼电梯。

- 由于北侧往往不布置老人居室，因此建筑进深较小，虽然通风采光好，但不利于节地。当平面过长时会造成服务动线长，降低服务效率。

▷ **适用范围**

- 适用于对护理服务依赖程度低、主要面向较为健康的自理老人的养老设施。

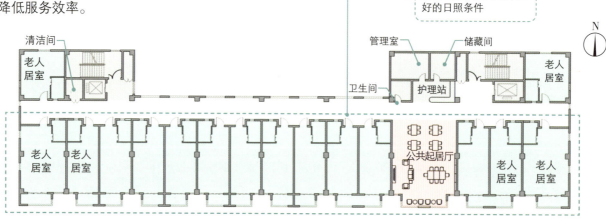

(a) 一字形养老设施平面示例 1

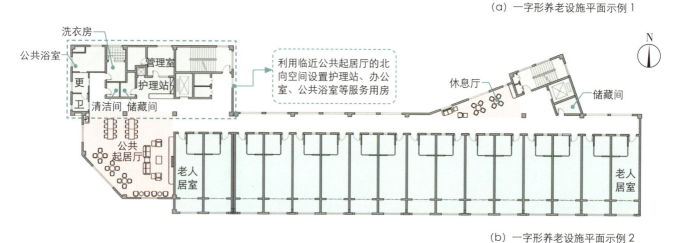

(b) 一字形养老设施平面示例 2

图 4.2.9　一字形标准层平面布局示例

养老设施标准层典型平面布局分析②
C形平面

C形平面布局特点及适用范围

▷ 特点

- 将多排一字形的养老设施进行南北向的串联，可形成C形或E形、工字形、王字形的平面。
- 串联各排建筑的东西向走廊可作为公共活动空间，布置交通核、辅助服务用房等。

▷ 适用范围

- 适用于具有一定护理需求和规模的养老设施。

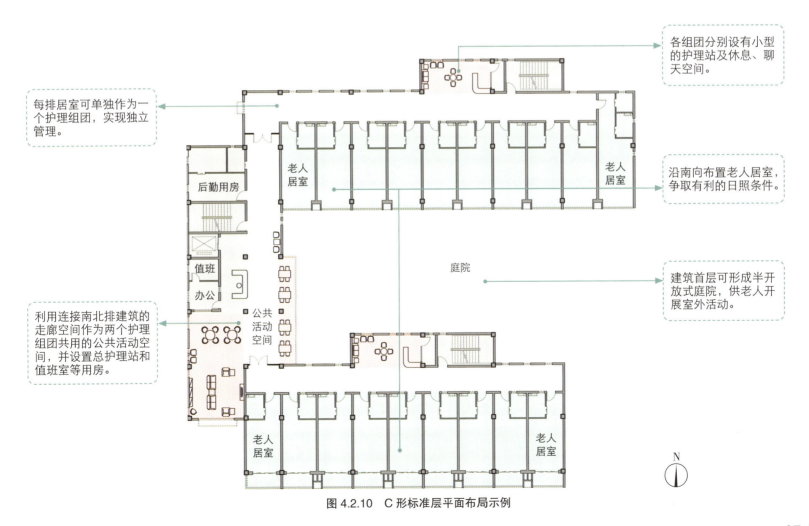

- 每排居室可单独作为一个护理组团，实现独立管理。
- 各组团分别设有小型的护理站及休息、聊天空间。
- 沿南向布置老人居室，争取有利的日照条件。
- 建筑首层可形成半开放式庭院，供老人开展室外活动。
- 利用连接南北排建筑的走廊空间作为两个护理组团共用的公共活动空间，并设置总护理站和值班室等用房。

图 4.2.10　C形标准层平面布局示例

第2节　建筑空间组织关系与平面布局　　4-2

养老设施标准层典型平面布局分析③
回字形平面

▶ 回字形平面布局特点及适用范围

▷ **特点**

- 利用环形走廊串联起老人居室和主要活动空间，老人可在本层内游走散步，适合失智老人经常徘徊的行为特点。
- 中部的围合型庭院可为老人提供安全的室外活动空间。
- 平面组织形态高效，可有效提高土地使用效率。

▷ **适用范围**

- 适合多层的、对房间数量要求多的养老设施。
- 适合为护理程度较高的失能、失智老人提供服务的养老设施。

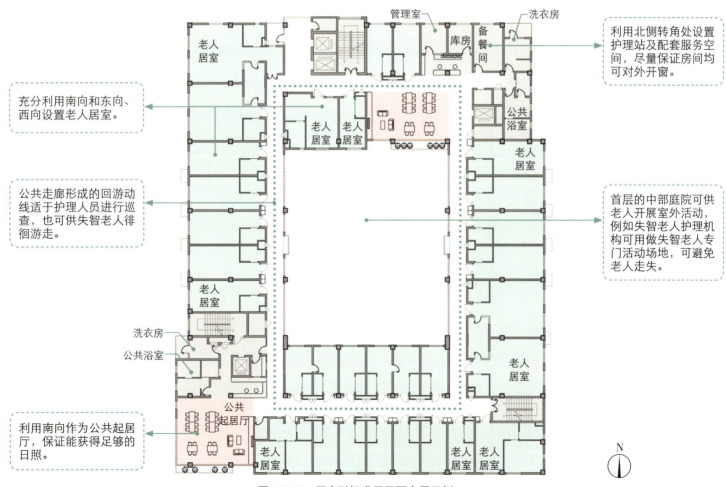

图 4.2.11　回字形标准层平面布局示例

养老设施标准层典型平面布局分析④
组团式平面

▶ **组团式平面布局特点及适用范围**

▷ **特点**

- 以小规模的护理组团为单位，形成由老人居室围绕护理站和公共活动空间的组团化布局。

- 每个护理组团不宜过大，每层可以有多个护理组团。

- 老人居室朝向各有不同。

▷ **适用范围**

- 适合为护理程度较高的失能、失智老人提供服务的养老设施。

- 受到朝向和日照要求的影响，我国的养老设施难以形成全包围式的组团布局形态。大多数情况下，多采用在南侧和东侧布置老人居室、中部设置起居空间的半包围式组团布局。

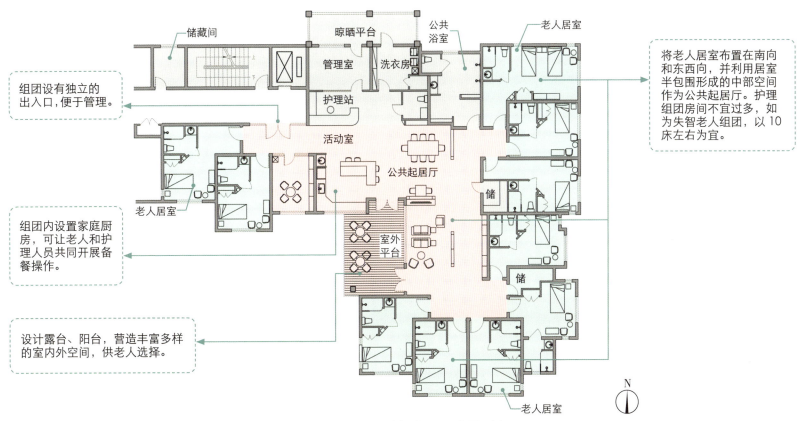

组团设有独立的出入口，便于管理。

组团内设置家庭厨房，可让老人和护理人员共同开展备餐操作。

设计露台、阳台，营造丰富多样的室内外空间，供老人选择。

将老人居室布置在南向和东西向，并利用居室半包围形成的中部空间作为公共起居厅。护理组团房间不宜过多，如为失智老人组团，以10床左右为宜。

图 4.2.12　组团式标准层平面布局示例

第2节 建筑空间组织关系与平面布局

4-2

养老设施平面设计实例①

▶ **养老设施平面设计实例一（南北向一字形布局）**

本项目是一所提供长期居住、日间照料、生活辅助、康复训练以及失智老人生活照料等服务的养老设施[1]。设施总建筑面积约 4500m², 共四层，总床位数 96 床，日间照料中心每天能接纳 30 位老人使用。

建筑平面布局分析：

- 建筑平面呈南北向一字形布局。从功能分区来看，设施一层为公共空间，包含日间照料中心活动区、办公管理区和后勤服务区。其中，日间照料中心布置于公寓的南侧，因为南向空间阳光充足，更有利于老人白天在此活动。而一层北侧部分则配置了洗衣房、厨房、理疗室、美发室等空间。

- 设施二、三、四层为老年人居住层，房间以单人间为主，配有少量双人间。每层均设有餐厅、多功能活动厅和公共卫浴空间。老人房间沿走廊南北两侧布置，设计师为北向房间设置了朝东的斜窗以争取日照，既改善了北向房间的采光环境，又起到了丰富立面造型的作用。

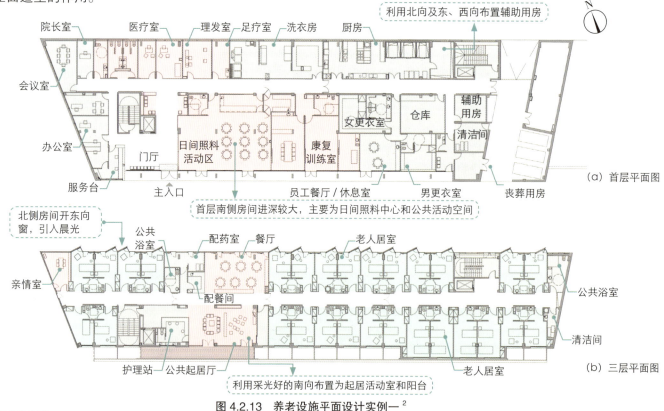

图 4.2.13 养老设施平面设计实例一[2]

1 项目名称：西班牙巴塞罗那 La Sagrera 养老院
2 图纸资料来源于项目设计师 Lluís Bravo Farré。

养老设施平面设计实例②

▶ **养老设施平面设计实例二（L形布局）**

本设施为一所经济型的养老设施[1]，总建筑面积约 5000m²，地上 6 层，地下 2 层，共计 60 床。设施场地南北存在高差，部分公共空间（餐厅、茶室、公共浴室等）虽然布置在地下层，但也可获得自然采光。

建筑平面布局分析：

- 建筑标准层采用 L 形单廊式布局，老人居室主要沿南侧布置，可获得良好的日照。L 形平面折角采光不佳处设置了楼电梯、公共茶室、洗衣间。

- 南侧居室顺应用地条件呈斜向错动布局，使老人居室门前形成了具有专属感的凹入空间，并让走廊空间具有缩放及层次感。居室阳台的错动也使外立面更加丰富。

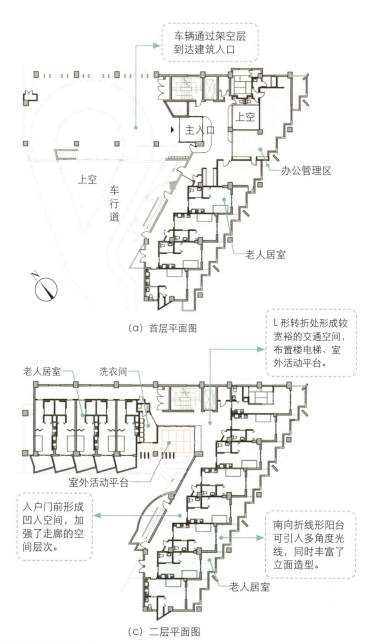

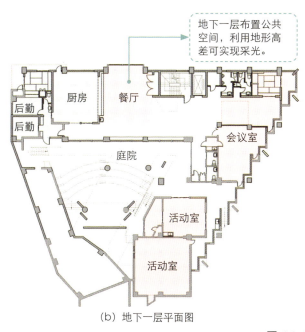

图 4.2.14　养老设施平面设计实例二 [2]

1　项目名称：日本千叶县辰巳彩风苑护理之家
2　建筑思潮建筑所．建筑设计资料 66 老人保健施设・ケアハウス [M]．東京：建筑资料研究社，2015．本图根据该资料翻绘。

第2节　建筑空间组织关系与平面布局　　4-2

养老设施平面设计实例③

▶ 养老设施平面设计实例三（东西向布局）

本设施[1]由德国弗莱堡圣·保罗文森慈善修女教会创建，总建筑面积约7700m²，地上6层，地下1层，共计115床。设施的经营理念是为老人提供一个正常化的居家生活环境，发挥老人的自由性和自主性；同时还要融入社区，促进社区与设施之间的交流互动。

建筑首层平面布局分析：

- 建筑呈东西向布局。主入口位于平面中部，南侧布置了小教堂、社区会客厅等公共空间，北侧主要为办公区，并设有公共浴室、理发室、多功能室等空间。

- 设施的门厅、小教堂及社区会客厅均向社区开放，无论是本设施的老人还是周边居民都可使用。小教堂主要用于举办礼拜、小型音乐会、殡葬礼等活动。社区会客厅既可用做开展社区活动，也可作为接待场所；供应简单的餐食，还可供开展员工培训、对外宣传等。

- 首层设有4间修女居室，专供教会的修女居住。

图 4.2.15　设施外观

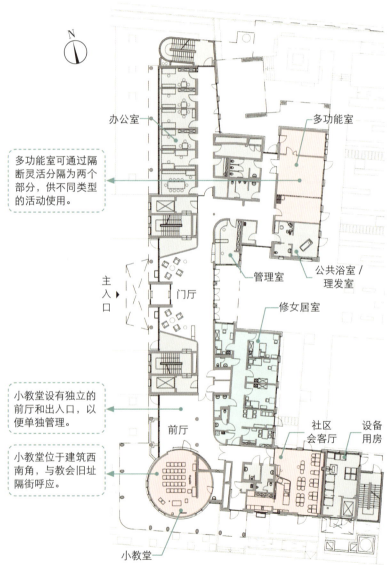

图 4.2.16　养老设施平面设计实例三（首层平面图）[2]

1　项目名称：德国弗莱堡 St. Carolushaus 护理中心
2　图纸资料来源于项目设计师 Peter Schmieg。

第四章　场地规划与建筑整体布局

建筑标准层平面布局分析：

- 建筑第二至六层为居住标准层。每层包含南、北两个组团，每个组团分别配有独立的交通核入口、餐起活动空间及公共厨房（见示意图）。每天的餐食及活动均由该组团的老人和护理人员讨论确定，老人和护理人员在组团内烹饪、就餐，因此设施不再设置中央厨房或集中餐厅。南、北两个组团之间由一条走廊及洗衣房、仓库等后勤服务用房相连，后勤服务用房由两个组团共用。

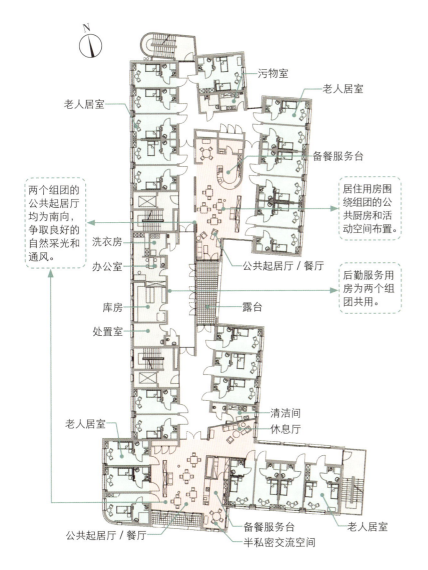

图 4.2.17　养老设施平面设计实例三（标准层平面图）[1]

（a）北侧组团公共厨房及起居厅/餐厅

（b）南侧组团公共厨房及起居厅/餐厅

图 4.2.18　设施实景

---

[1] 图纸资料来源于项目设计师 Peter Schmieg。

103

养老设施平面设计实例④

养老设施平面设计实例四（回形布局）

本项目是一所综合型养老设施[1]，包含 54 张护理床位和 54 套健康老人公寓。设施总建筑面积约 1.5 万 m^2，共 7 层。设施中设有一个被称为“四季花园”的圆形内庭院，为居住在这里的老人提供了开阔、匀质、安全的观赏绿植及活动的场所。

建筑首层平面布局分析 ：

- 建筑首层主要由健康老人公寓、公共活动空间及圆形的内庭院组成。老人或访客从设施主入口进入后，首先映入眼帘的是景色优美的圆形内庭院，沿庭院边的环形走廊绕行半周，才会到达真正意义上的门厅接待空间。如此设计带来的好处，不仅能使访客获得良好的第一印象，而且能让前来咨询入住的老人马上感受到“四季花园”中亲切、自然的环境，从而增加他们入住的意愿。
- 为了保持健康老人公寓的独立性和私密性，避免受到公共空间人流的过度打扰，首层特意设计了内外两条走廊。内走廊为一字形，位于健康老年公寓组团的内部，提供给健康老人专用；外走廊为环形，围绕着内庭院，串联起门厅、服务站、接待厅、活动室等公共空间，为所有人共用。两条走廊一条相对私密、一条相对公共，互不交叉，尽量避免不同人员动线之间的相互干扰。

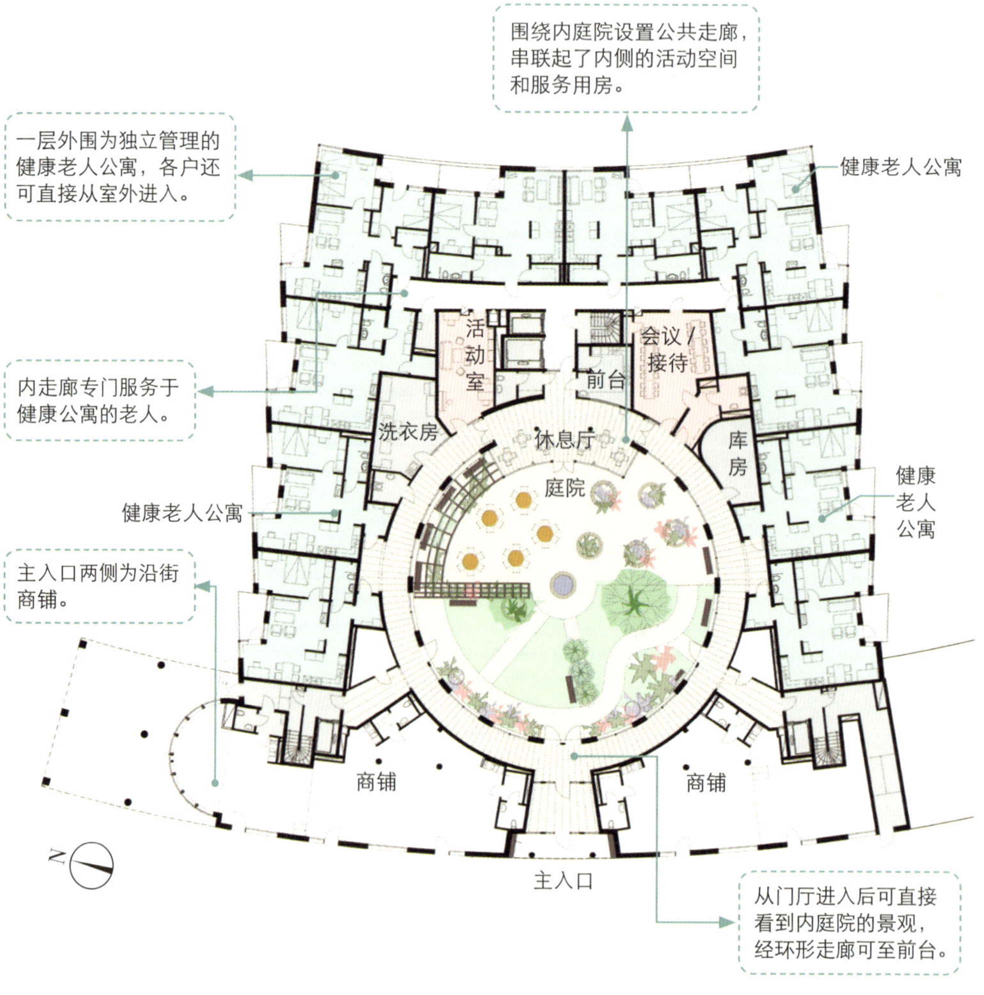
围绕内庭院设置公共走廊，串联起了内侧的活动空间和服务用房。
一层外围为独立管理的健康老人公寓，各户还可直接从室外进入。
健康老人公寓
活动室
会议/接待
前台
内走廊专门服务于健康公寓的老人。
洗衣房
休息厅
库房
庭院
健康老人公寓
健康老人公寓
主入口两侧为沿街商铺。
商铺
商铺
N
主入口
从门厅进入后可直接看到内庭院的景观，经环形走廊可至前台。

图 4.2.19　养老设施平面设计实例四（一层平面图）[2]

1　项目名称：瑞典斯德哥尔摩 Löjtnantsgården 老年公寓
2　图纸资料来源于项目运营负责人 Jenny Hjalmarson。

第四章 场地规划与建筑整体布局

建筑标准层平面布局分析：

- 标准层分为两个护理组团，每个组团包含 15 间老人居室，以及公共餐厅、活动区和护理站等配套服务空间。老人居室沿建筑外围布置，以获得更好的采光条件。公共餐厅、活动区则围绕内庭院布置，拥有良好的景观视野。
- 两个组团的护理站等服务空间"背靠背"布置，公共厨房、值班室可相互连通，在有需要的时候，两个组团的护理人员可以相互照应、相互帮助。夜间值班时，两个组团也可以共用一位管理人员，达到节省人力的目的。

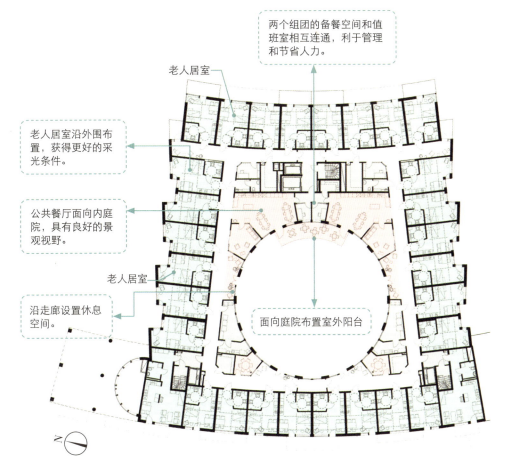

图 4.2.20　养老设施平面设计实例四（二层平面图）[1]

（a）圆形内庭院为老人提供了安全的室外活动场所[2]

（b）从入口经环形走廊可到达前台及休息厅

图 4.2.21　设施实景

1、2　图纸资料及照片来源于项目运营负责人 Jenny Hjalmarson。

第2节　建筑空间组织关系与平面布局

4-2 社区加建型养老设施平面设计实例

▶ **社区加建型养老设施平面设计实例**

本项目为一所提供日间照料、短期居住、餐饮、洗浴等多种功能的小规模社区养老设施[1]。设施建筑共一层，利用既有住宅楼栋端头的空地加建而成，总建筑面积约240m²，设有7间居室，可开展约30人的日间照料服务。

建筑平面布局分析：

- 建筑南侧为一个开敞的多功能活动区，主要提供给日间照料的老人在此就餐及开展各类日常活动。南侧入口外设有门廊，老人可在此做操，既可获得光线，又能遮风避雨。

- 活动区西北角设有小厨房，餐食由外部中央厨房提供，护理人员只需进行备餐、分餐操作。活动区东南角为办公区，工作人员在处理其他事务的同时也能够兼顾老人的活动状况，及时满足老人的需要。

- 活动区北侧设有公共浴室、洗衣房等，洗浴、洗衣流线近便，避免工作人员长距离奔波。

- 老人居室布置在平面东侧，主要提供短期入住服务，也可供日间照料的老人进行午休。居室外侧的走廊可作为老人晒太阳和进行散步等活动的场所。

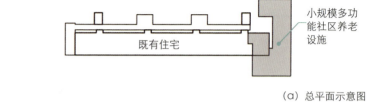
(a) 总平面示意图

图4.2.22　设施南侧的多功能活动区[2]

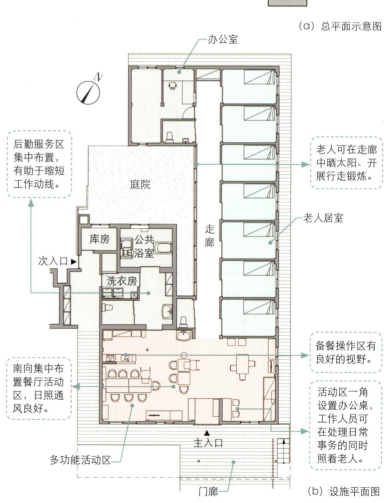

图4.2.23　社区加建型养老设施平面设计实例[3]

1　项目名称：日本结缘多摩平的森老年公寓附设的小规模多功能日间照料设施。
2、3　照片及图纸资料来源于项目设计方プラスニューオフィス。图纸根据实地调研情况改绘。

社区改造型养老设施平面设计实例

▶ **社区改造型养老设施平面设计实例**

本方案为一所结合了日间照料服务与社区助餐服务的社区养老设施。由原住宅小区的底商改建而成，建筑共两层，总面积为 640m²。设施一层为社区餐厅（可兼做社区活动室）和厨房，二层设置了日间照料的主要功能用房和少量老人居室。

建筑平面布局分析：

- 首层主要为日间照料中心的门厅和社区餐厅、厨房。日间照料入口与社区餐厅入口分开设置，便于独立运营管理；其内部又可相互连通，便于厨房同时为社区餐厅及二层日间照料服务，提高运营效率。

- 二层的日间照料中心围绕护理站布置了开敞、通透的多功能活动区，以及公共浴室、卫生间等用房，使护理人员的服务动线更集中。考虑到项目未来运营过程中可能会提供短期入住服务，因此在二层设置了老人居室。

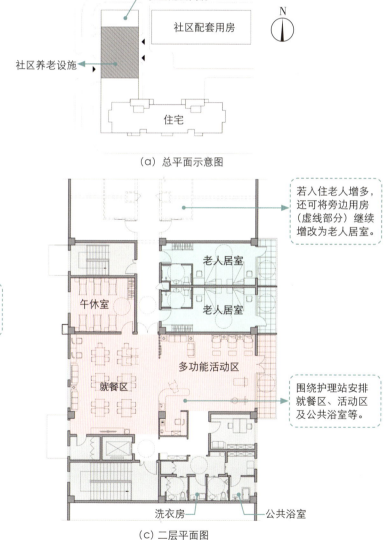

图 4.2.24　社区改造型养老设施平面设计实例[1]

1　中国建筑标准设计研究院. 国家建筑标准设计图集（14J819）社区老年人日间照料中心标准设计样图 [M]. 北京：中国计划出版社，2015.

第 3 节
建筑空间流线设计

第3节　建筑空间流线设计

养老设施流线设计重要性及分类

4-3

▶ **流线设计的重要性和常见错误**

在养老设施建筑的设计过程中，流线是影响空间布局的主要因素之一，须在设计初期进行综合考虑。一旦流线设计错误，很可能造成建筑的"硬伤"，不易修改，会长期影响整个设施的运营效率。

常见的流线设计错误体现在以下几点：

- × 不同的流线交叉、冲撞，加大管理难度
- × 流线长而曲折，使服务费时费力
- × 洁污流线不分或混杂，存在卫生隐患
- × 流线不连贯、不清晰，令人迷失，找不到目的地

▶ **流线的分类**

养老设施内的流线关系相对复杂。一般而言，流线可根据使用人群分为公共流线和后勤服务流线两大类。在此基础上，再进行更进一步的划分：

公共流线

①老人流线

主要包括老人进出养老设施、出入公共活动空间和居住空间的流线。老人流线须注重安全，保证无障碍，避免经过危险且无人看管的路径。老人流线与各空间关系及具体设计手法请详见相关章节。

②家属流线

主要指家属、亲友探望老人的流线，包括陪同老人吃饭、聊天、参加集会等活动的流线，也包括儿童探望老人时在设施中玩耍的流线。

③参观流线

一般面向三类人群：入住前进行考察的客群，前来视察的领导和前来交流、学习的业内人士。参观流线应较为固定，能使人便捷地了解养老设施的全貌，且对老人的生活干扰较少。

④社工、义工流线

主要指社工、义工前来工作、陪伴老人，组织老人进行活动的流线。此流线与老人活动流线部分重合，并涉及一些后勤服务流线。此外，须考虑串联好外来社工、义工的办公、更衣、存包、集合、休息等空间。

后勤服务流线

| ①护理服务流线 | ②送餐流线 | ③洗浴流线 | ④洗衣流线 | ⑤污物流线 | ⑥进货流线 | ⑦员工上下班流线 |

为老服务流线　　　员工专用流线

流线设计总体原则

▶ 流线设计总体原则

1. 流线设计须有助于提高运营效率，节约人力成本

例如护理服务流线应尽量短捷，最好呈放射式或循环式，如果过长、过曲折，会增加工作人员的劳动强度和工作时间，也会导致护理服务所需的工作人员数量上升，增加人力成本。

2. 与同一条流线相关的空间和楼电梯宜尽量竖向集中布置、上下连通

根据功能要求，同一条流线需要经过的空间和楼电梯最好相互串联、集中布置，尽量避免影响其他功能区域。例如在送餐流线中，餐梯上下宜连通厨房和各层餐厅，以便食物便捷送达。污梯可考虑接近污物间和后勤出口，便于垃圾的运输。

3. 后勤服务流线尽量独立，避免与公共流线交叉

送餐、洗衣、进货等后勤服务流线须尽量避免与老人、老人家属、参观人员等公共流线交叉，以保证洁污分区，提高运营管理效率。

▶ 与其他配套公建的流线关系

养老设施与其他合建的配套公建，如社区卫生服务站、社区养老服务中心，以及超市、茶室、药店等均须考虑流线顺畅。

如配套公建在养老设施外部设置时，可考虑设置带顶连廊进行连接，以保证老人雨雪天出行的便利和安全。如配套公建与养老设施设在同一栋建筑中时，可考虑在养老设施内部设置进入路线，方便老人使用，但须注意采取相应管理措施，防止外部人员擅自进入养老设施。

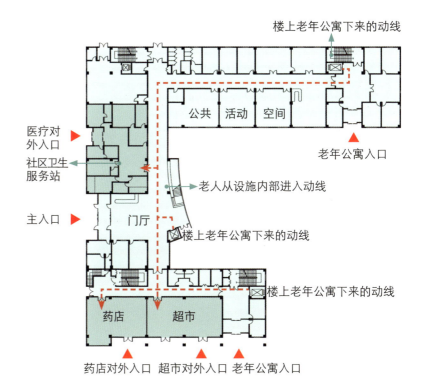

图 4.3.1　配套公建在养老设施内部和外部均设置出入流线

第3节　建筑空间流线设计

4-3

公共流线设计

▶ **公共流线应清晰明确**

公共人流进入主入口后,须能够立刻找到所去方向,以便去往公共空间或老人居住空间。可以通过走廊空间的开放程度、视线、地面铺装和标识系统等方面的设计来引导人流。下面以家属流线和参观流线来进一步说明。

▷ **家属流线需多样、丰富**

养老设施中的老人希望经常有家人来探望和陪伴。为了方便家属来探望老人,和老人一起参加各类活动,延长家属与老人的团聚时间,家属流线设计应考虑家属能陪伴老人一起参加多样活动,如去餐厅就餐、去教室听课、去多功能厅集会、去超市购物等。此外,须为带儿童的家属设计好儿童活动流线,既要避免儿童吵闹影响老人休息,又要提高儿童来养老设施的兴趣,延长他们陪伴老人的时间。

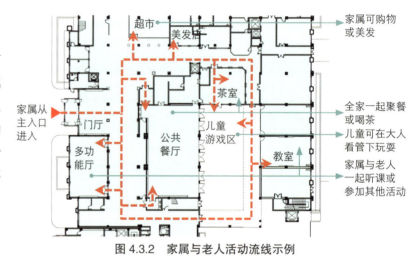

图 4.3.2　家属与老人活动流线示例

▷ **参观流线须全面、便捷**

参观流线设计须让参观人员能够迅速地对养老设施形成全面的了解,使他们对设施留下良好的印象。设计时要有起始和重点,做到动线便捷,不走回头路。参观流线要串联起门厅、公共餐厅、多功能厅、公共浴室等主要的生活、活动空间,以及样板间、展厅等展示空间,还有部分居住和护理服务空间。

根据参观时长和客群要求,参观流线可设计成不同的长度和路径。短的参观路线利于参观人员快速了解主要的公共空间和展示空间;长的参观路线可以让人们进一步了解到老人的起居生活和运营管理服务的情况。

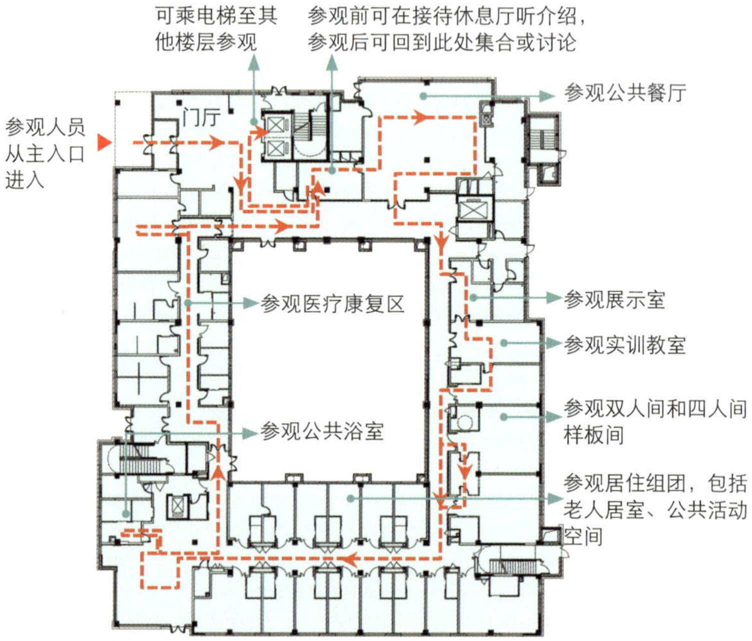

图 4.3.3　参观流线示例

注:以比较常见的 200 床左右规模的中型养老设施为例进行说明。

第四章　场地规划与建筑整体布局

护理服务流线设计

▶ **常见的护理服务模式**

一般在养老设施的居住楼层中会配置护理站，护理人员以此为据点，在护理站和公共活动空间、后勤服务空间、各老人居室之间往返进行服务、查看、护理等工作。这里所讲的护理服务流线即是护理人员进行这些工作时往返的动线。

▶ **护理服务流线的图示及要点分析**

护理服务流线强调便捷，宜形成循环动线

护理服务流线不宜过长。如果能够形成"回字形"循环动线，可避免员工频繁往返走"回头路"，提高服务效率。"回字形"流线也更加适合轮椅老人和失智老人在室内进行散步和徘徊。

护理站到达各老人房间的距离须尽量均等

护理站宜设计在老人居住组团的居中部位，使其去往各老人房间的距离均匀，应避免出现与个别房间距离过远而造成照顾不及时、往返负担过重等问题。

图 4.3.4　护理服务流线示意图

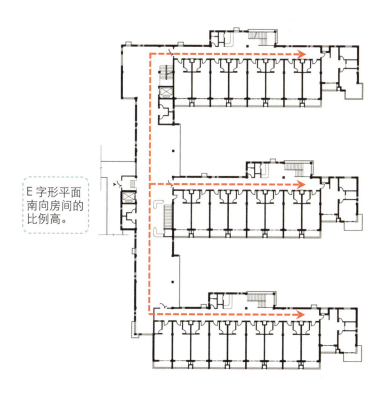

E 字形平面南向房间的比例高。

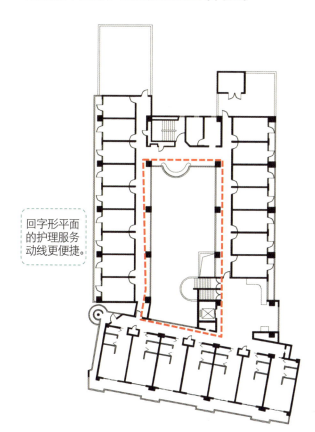

回字形平面的护理服务动线更便捷。

图 4.3.5　护理服务流线与空间布局的关系

第3节　建筑空间流线设计

4-3

送餐流线设计

▶ **常见的送餐服务模式**

养老设施的送餐方式主要有三种：

一是送餐至公共餐厅（一般位于首层），可以满足老人、家属、客人等多种人群的用餐需求。公共餐厅一般用餐时间集中，用餐人数较多，须保证厨房送餐流线的近便。如厨房与公共餐厅在不同楼层，可设置专用餐梯。

二是送餐至居住层就餐空间，便于护理程度较高的老人在自己居住的楼层内就近用餐，一般会使用餐车送餐至每层的专用备餐间或护理站进行备餐、分餐操作。

三是送餐至老人房间，主要使用餐车，一般服务于长期卧床行动不便的老人。

▶ **送餐流线的图示及要点分析**

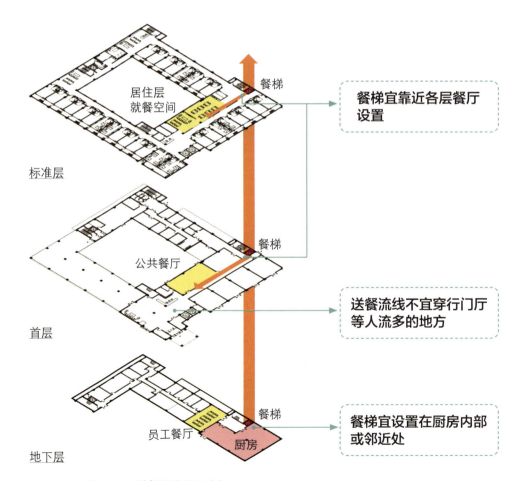

- 餐车送餐须注意保温，路线不宜经过室外
- 餐车与餐梯大小需匹配，沿路宽度要满足餐车转弯半径
- 条件不允许时，餐梯可由客梯兼用
- 污梯不应兼做餐梯
- 餐梯宜靠近各层餐厅设置
- 送餐流线不宜穿行门厅等人流多的地方
- 餐梯宜设置在厨房内部或邻近处

图 4.3.6　送餐流线图示分析

洗浴流线设计

▶ 常见的洗浴服务模式

养老设施的老人洗浴方式主要有三种：

一是在自己房间内洗浴，适用于自理老人，利于保护老人的隐私，也更有居家氛围。

二是在居住层的小型公共浴室内洗浴，适用于行动不便的护理老人，便于护理人员进行助浴操作。

三是在集中公共浴室（一般位于首层、地下层或顶层）内洗浴，可以满足更为多样、丰富的洗浴需求，如水疗、游泳、按摩等。

▶ 洗浴流线的图示及要点分析

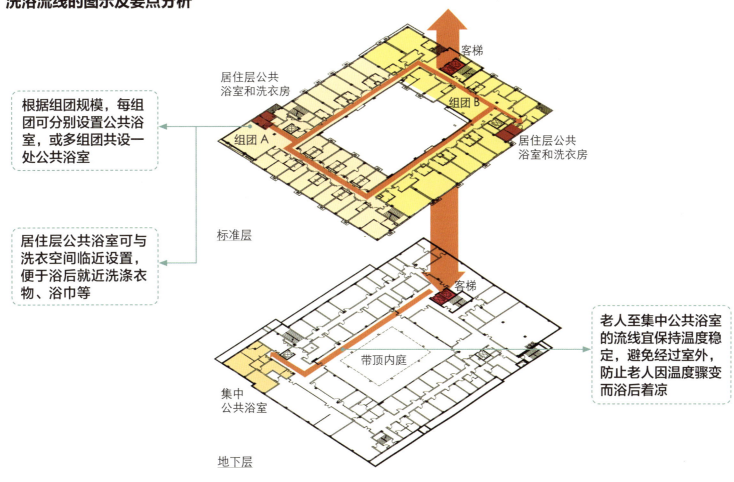

- 根据组团规模，每组团可分别设置公共浴室，或多组团共设一处公共浴室
- 居住层公共浴室可与洗衣空间临近设置，便于浴后就近洗涤衣物、浴巾等
- 老人至集中公共浴室的流线宜保持温度稳定，避免经过室外，防止老人因温度骤变而浴后着凉

图 4.3.7 洗浴流线图示分析

第3节 建筑空间流线设计

4-3

洗衣流线设计

▶ **常见的洗衣服务模式**

据调研，养老设施每天须清洗的衣服、毛巾、浴巾、抹布等物品数量较多，每周还要换洗大件的床单、被套等物品，洗衣的工作量较大。因此，便捷的洗衣流线对减轻护理人员工作负担具有重要意义。

养老设施内的洗衣方式较为多样，洗衣空间和设备的配置状况也分为多种，主要有以下四类：

一是在老人房间内配置洗衣机，由老人自行洗涤小件衣物。

二是在居住层设置小型洗衣房，由护理人员收集衣物后洗涤。部分养老设施中也鼓励自理老人自助使用洗衣房。

三是设置集中洗衣房，通常位于地下层或顶层，用来洗涤大件床单、被服等，除洗衣机外，通常还配有烘干、消毒和熨烫衣物的设备。

四是设置被服暂存处，外包洗涤，即将衣物被服收集后外送至专门的洗衣厂进行洗涤。

▶ **洗衣流线的图示及要点分析**

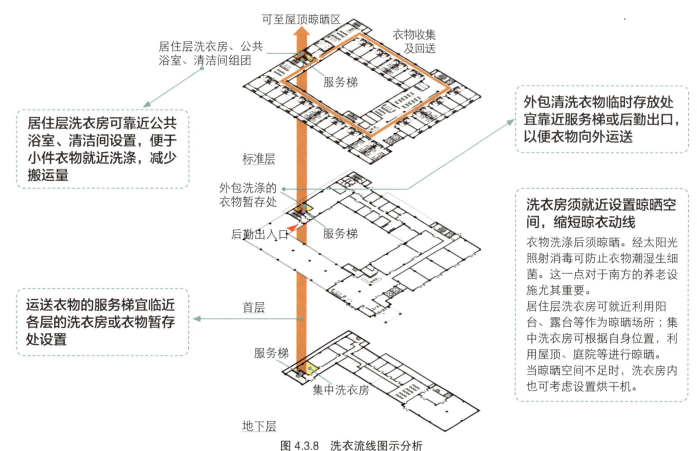

居住层洗衣房可靠近公共浴室、清洁间设置，便于小件衣物就近洗涤，减少搬运量

外包清洗衣物临时存放处宜靠近服务梯或后勤出口，以便衣物向外运送

运送衣物的服务梯宜临近各层的洗衣房或衣物暂存处设置

洗衣房须就近设置晾晒空间，缩短晾衣动线
衣物洗涤后须晾晒。经太阳光照射消毒可防止衣物潮湿生细菌。这一点对于南方的养老设施尤其重要。
居住层洗衣房可就近利用阳台、露台等作为晾晒场所；集中洗衣房可根据自身位置，利用屋顶、庭院等进行晾晒。
当晾晒空间不足时，洗衣房内也可考虑设置烘干机。

图 4.3.8　洗衣流线图示分析

污物流线设计

▶ **污物流线一般流程**

养老设施内的垃圾可以分为生活垃圾、厨余垃圾和医疗垃圾等。弄脏的纸尿布、衣物被服和医疗服务产生的医疗垃圾，都需要进行专门处理。

污物流线须考虑这些垃圾的收集、处理与运出方式。其一般流程如图 4.3.9 所示：

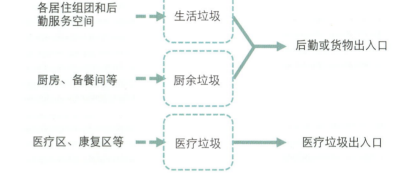

图 4.3.9　污物流线示意图

▶ **污物流线的图示及要点分析**

- 须设污物间、清洁间等污物临时存放处，并临近服务梯或后勤出入口

- 洗衣房宜靠近服务梯或后勤出入口设置，以便洗涤垃圾运出

- 医疗垃圾宜设置单独出口，并在出口附近设置医疗垃圾暂存处，以满足医疗卫生要求

- 污物流线须避免与送餐流线、公共流线交叉

- **厨余垃圾可由地下车库运出**
  当厨房设于有车库的地下层时，可通过地下车库的后勤通道运出厨余垃圾。如果集中洗衣房位于地下层，也可考虑用此运输路线。

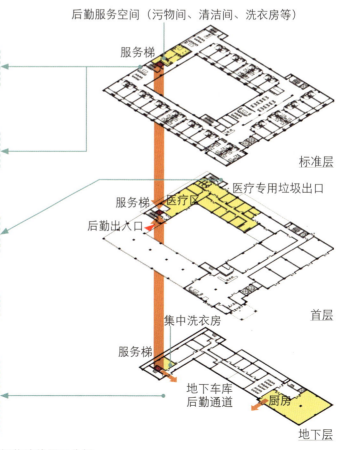

图 4.3.10　污物流线图示分析

第3节 建筑空间流线设计

4-3

进货流线设计

▶ **进货流线一般流程**

养老设施购入的货物比较多样,有日常的食品、生活用品、护理用品等,也有家具、电器等大件设备(如钢琴)。货物进出口可单独设置,也可与后勤出入口合设。货物进入后须能够快速地分流至所要到达的空间。

▶ **进货流线的图示及要点分析**

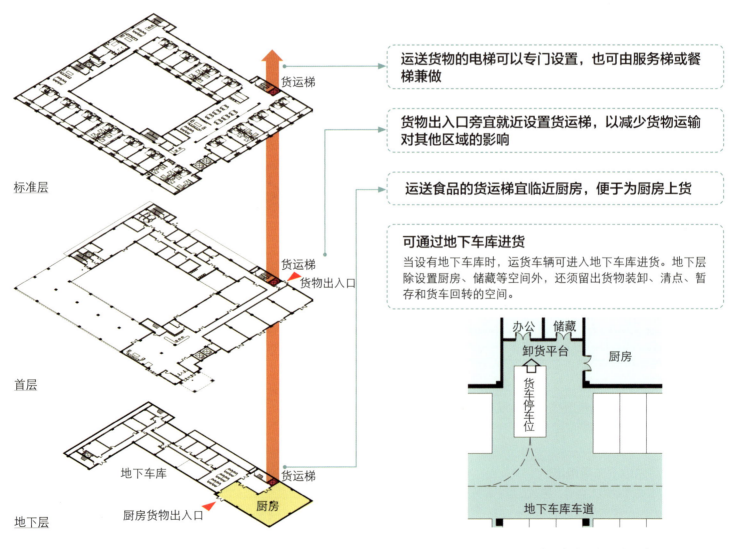

- 运送货物的电梯可以专门设置,也可由服务梯或餐梯兼做
- 货物出入口旁宜就近设置货运梯,以减少货物运输对其他区域的影响
- 运送食品的货运梯宜临近厨房,便于为厨房上货
- **可通过地下车库进货**
  当设有地下车库时,运货车辆可进入地下车库进货。地下层除设置厨房、储藏等空间外,还须留出货物装卸、清点、暂存和货车回转的空间。

图 4.3.11 进货流线图示分析

图 4.3.12 地下车库进货流线示意

员工上下班流线设计

▶ 员工上下班流线的一般流程

员工上下班流线在设计中容易被忽视，常导致流线曲折、不通畅，给工作、管理带来不便。员工虽然属于健康人群，行动自如，但也要注重流线的优化，提升工作效率。

员工有住在养老设施内部宿舍的，也有在外居住的，因此上班分为内部进入和外部进入两种。两种流线都要让员工能够方便地集散、打卡、更衣和分流至各层的工作岗位。

▶ 员工上下班流线的图示及要点分析

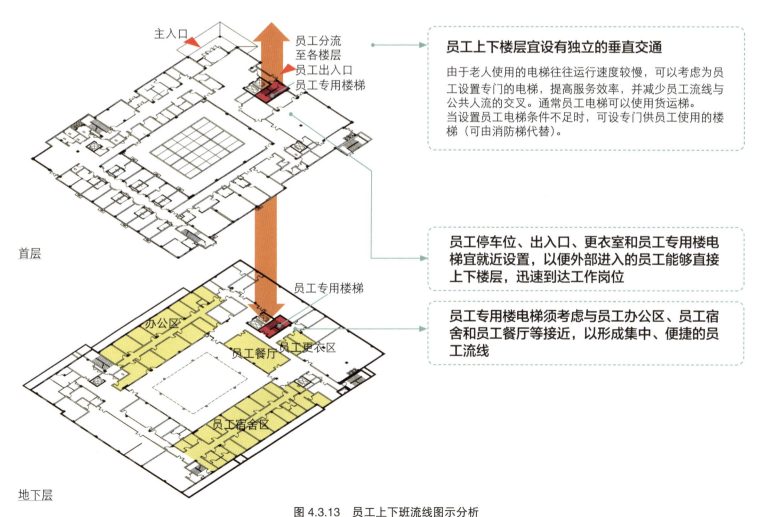

员工上下楼层宜设有独立的垂直交通

由于老人使用的电梯往往运行速度较慢，可以考虑为员工设置专门的电梯，提高服务效率，并减少员工流线与公共人流的交叉。通常员工电梯可以使用货运梯。当设置员工电梯条件不足时，可设专门供员工使用的楼梯（可由消防梯代替）。

员工停车位、出入口、更衣室和员工专用楼电梯宜就近设置，以便外部进入的员工能够直接上下楼层，迅速到达工作岗位

员工专用楼电梯须考虑与员工办公区、员工宿舍和员工餐厅等接近，以形成集中、便捷的员工流线

图 4.3.13 员工上下班流线图示分析

第五章
居住空间设计

第 1 节　护理组团

第 2 节　组团公共起居厅

第 3 节　护理站

第 4 节　老人居室

第1节
护理组团

第1节　护理组团

护理组团的定义与特点

▶ 什么是护理组团？

护理组团是指养老设施中由若干老人居室和相关的生活辅助用房构成的相对独立的居住空间。一个设施可以包含多个护理组团。在我国设计规范中，也称之为养护单元。

如图 5.1.1 所示，传统的非组团式养老设施中，所有老人共用设施中的公共空间，不再细分组团。而如 5.1.2 所示的组团式养老设施，采取相对少人数制的分组团的共同生活模式，是近年来欧美、日本等发达国家养老设施建设的重要趋势。

每个组团通常对应着一组相对固定的护理、管理人员，协助组团中的老人共同进行起居活动。同时，组团中一般配有独立的餐厅、起居空间，满足老人日常用餐、交往、休闲娱乐等需求。

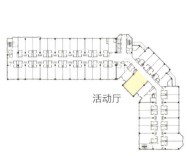

图 5.1.1
非组团式养老设施的平面布局

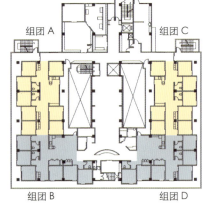

图 5.1.2
组团式养老设施平面布局[1]

▶ 组团式空间模式的优势

利于提高效率、缩短动线

图 5.1.3　组团式空间便于护理人员将老人集中照顾，及时响应老人的需求，对于护理程度较高的老人尤为适合

利于营造家庭氛围、促进交往

图 5.1.4　组团式布局能够营造更加亲切的空间氛围，促进交往

1　图片改绘自：建筑思潮建筑所. 建筑设计资料 103 ユニツトケア：特別養護老人ホーム・介護老人保健施設 [M]. 东京：建筑资料研究社，2005.

护理组团的规模

▶ 确定适宜的护理组团规模时应考虑的要素

护理组团规模的确定与多方面因素相关。包括国家的相关政策法规、经济发展水平、居住文化及习惯,以及运营管理模式、医护人员配比、老人身体状况,等等。

▷ 护理人员配比与工作效率

人力成本是养老设施运营中的主要成本。合理的组团规模能够缩短护理动线、保证看护视线。再划分组团时需要综合考虑老人与护理人员比例、护理人员排班计划等,以使人力安排更加优化。

例如:美国护理院中一般组团规模为40床左右,晚上配置一名注册护士或注册实习护士;白天则分为两个小组团,每20床配置一名注册护士或注册实习护士。

▷ 老人身体情况与护理需求程度

对不同护理需求的老人,适宜的组团规模不同。老人护理需求程度越高的组团,越需要护理人员的动线短捷,组团规模也要越小。比如,失智老人需要稳定而亲切的环境,并且需要护理人员更加密切的关注与照料。因此,以失智老人为主的组团规模需要更小一些。

例如,日本的法规规定,失智老人组团护理之家(Group Home)规模为5~9人。而普通养老组团可为10床,或部分超过10床。

▷ 人际交往与心理需求

研究表明,小规模的组团能够更好地促进老人与工作人员的彼此熟悉与交往。同时,也有助于护理人员更深入地了解老人的特点,提供更加个性化的护理服务。

例如,日本自2000年推行小规模组团式护理,并规定特别养护院中,50%及以上的护理组团规模应在10床及以下。此举很好地提升了护理的个性化及服务品质。

▶ 我国护理组团的适宜规模

《养老设施建筑设计规范》(2013年版)中建议老年养护院养护单元规模不大于50床、养老院养护单元50~100床。这一规模标准比其他发达国家要大许多。这一方面与我国目前的经济发展水平有关,另一方面是由于目前我国养老院中有相当一部分老人为自理老人,对护理动线短捷的要求没有那么迫切。此外,对于失智老人,规范中建议独立设置养护单元,且规模宜在10床以下,这一则建议与欧美及日本等国家的失智单元规模接近。

从发达国家的经验来看,随着老年人口的高龄化,养老设施中老人护理需求程度会越来越高,患失智症的老人占比也会越来越多,因而护理组团的规模也会随之逐渐缩小。因此,目前护理组团的规模设定应充分考虑到未来入住老人的需求变化,做好适应性设计。如图5.1.5,通过将交通核居中布置,使得目前规模较大的护理组团在将来能够灵活拆分为两个小组团。

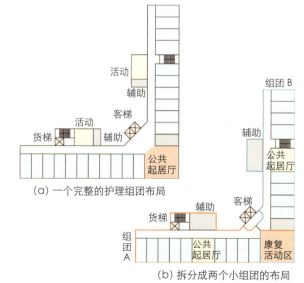

图5.1.5 通过交通核的居中布置,使得目前规模较大的护理组团可在未来灵活拆分为两个小组团

第1节　护理组团

护理组团的功能布局

▶ 护理组团的功能构成

护理组团的基本功能构成如图5.1.6所示。

护理组团通常有相对独立的出入口，与主要门厅或电梯厅相联系，以避免各组团流线的相互干扰。

公共起居厅是老人白天主要的活动空间，也是护理组团的核心公共空间，可布置在组团居中位置，便于老人到达，并保证充足的日照。

护理型组团中通常还须配置护理站、小型公共浴室、公共卫生间、仓库等辅助服务空间。规模较大的组团可单独配置这些空间，小规模组团可两三个相邻组团共用辅助服务空间，以提高空间利用率。一般来说，为了提高服务效率、缩短动线，护理组团的布局以紧凑为宜。

▶ 普通护理组团与失智组团的布局区别

失智老人需要更加紧密的关注和陪伴，因此组团规模要求更小。同时，为便于老人识别空间环境，方便护理人员组织开展各类活动，及时了解老人的动态和需求，平面布局通常呈现更加集中的模式，一般居室围绕公共空间布置，以保证空间的视线通透性和动线短捷性。

而普通护理组团规模往往会大一些，并且考虑到尽可能多地布置居室提高效率，空间布局常呈现内廊或单廊形式。

总之，入住的老人照护程度越高，组团平面布局越需要集中化，也越需要缩短走廊，提高服务效率。

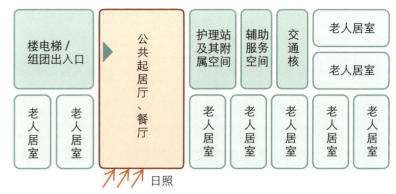

图 5.1.6　护理型组团功能构成示意

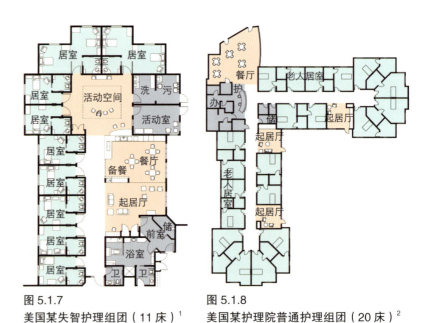

图 5.1.7
美国某失智护理组团（11床）[1]

图 5.1.8
美国某护理院普通护理组团（20床）[2]

1　图片改绘自：American Institute of Architects. AIA Design for Aging Review 4 [M]. Australia: Images, 2006.
2　图片改绘自：American Institute of Architects. AIA Design for Aging Review 10 [M]. Australia: Images, 2011.

第五章 居住空间设计

护理组团的平面组合

▶ **护理组团常见平面组合形式**

两个及以上的护理组团安排在同一层时，需要考虑护理组团的平面组合形式。组团的组合形式与运营管理模式密切相关，在设计时需要充分与运营方沟通，以尽可能提升护理服务效率及空间利用率。

▷ **多个护理组团串联式**

当每层组团数量较多时，可采用走廊联系各组团。并可结合走廊设置组团共用空间（垂直交通、活动、服务空间等），便于各组团共同使用，如图 5.1.9 中（a）、（b）、（c）。

▷ **相邻组团拼合式**

2~3 个小型组团可构成拼合式组团，通过组团共用公共空间彼此连通，夜间也可合并管理，共用一组值班人员，节约人力，如图 5.1.9 中（d）、（e）。

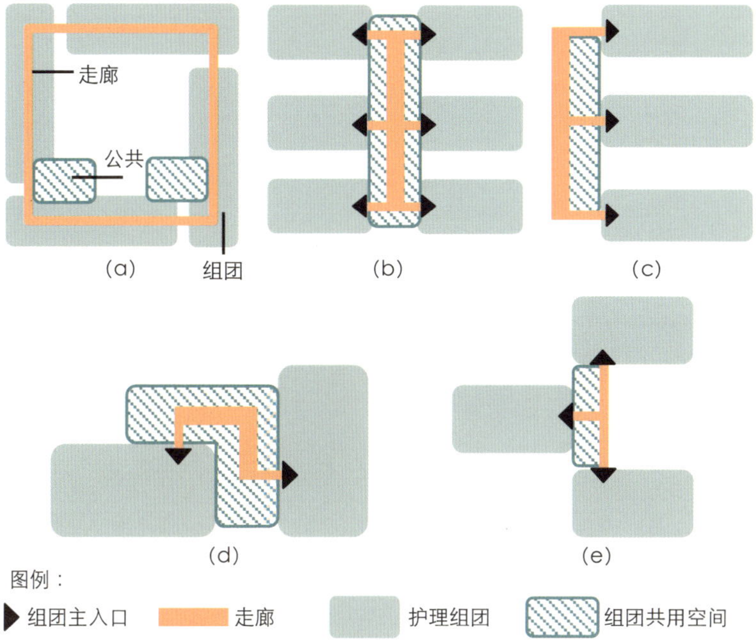

图 5.1.9　组团组合模式示意图

▷ **护理组团平面组合实例**

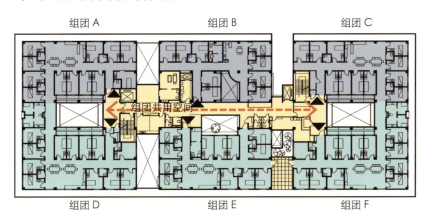

图 5.1.10　日本多组团串联式布局案例[1]

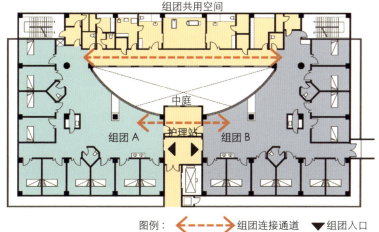

图 5.1.11　日本拼合式组团布局案例[2]

1　图片改绘自：建筑思潮建筑所．建筑設計資料 103 ユニットケア：特別養護老人ホーム・介護老人保健施設 [M]．东京：建筑资料研究社，2005．
2　图片改绘自：日本创生园青叶养老院平面图（作者调研获得）．

第 2 节
组团公共起居厅

第2节　组团公共起居厅

公共起居厅的功能与设计目标

5-2

▶ 护理组团中公共起居厅的功能

公共起居厅是护理组团中核心的公共活动空间，是老人就餐、开展各类文娱康体活动，以及休闲及交往的场所。同时，一些日常的护理服务也可能在起居厅中进行，例如为老人测量体征、开展日常生活训练等。

图 5.2.1　公共起居厅的主要功能

▶ 公共起居厅的设计目标

目标一　提供多样的活动选择

为使有不同兴趣爱好的老人都能在起居厅中找到乐趣，公共起居厅应尽可能容纳多样的功能，如阅读区、电视角、音乐角、小型吧台等。

目标二　营造轻松的氛围与亲切的尺度

公共起居厅正如家中的客厅，亲切的空间尺度与温馨的环境氛围能够使老人更加轻松、自在地使用起居厅。

目标三　促进老人、护理人员间的亲密交往

为了促进老人与护理人员的相互沟通，布置起居厅时可将备餐台、护理站等功能空间与老人休息、活动空间邻近融合布置，创造老人与工作人员共同生活、交流的环境。

图 5.2.2　公共起居厅的设计目标

公共起居厅的位置选择

▶ **公共起居厅位置选择要点**

公共起居厅的位置首先需要有良好的阳光和视野，其次是尽可能使组团内老人到达起居厅的距离均衡。此外，起居厅可尽量靠近交通核、辅助服务空间，便于护理人员为起居厅中的老人提供服务，使运营管理更加便捷。良好的公共起居厅布局能够吸引老人到起居厅中活动、提高整体空间使用率。

▷ **日照充足，视野良好**

公共活动厅是组团内老人白天主要的生活空间，应尽量争取较好的朝向，保证起居厅能接收到充足的日照，并拥有良好的景观视野。如图 5.2.3（a）、（b）。

▷ **到组团各点距离均衡**

公共起居厅应尽可能布置于组团的中心部位，以便各居室中的老人都能较为近便地到达起居厅活动。如图 5.2.3（c）。

▷ **尽可能靠近主要交通、服务空间**

公共起居厅宜靠近主要交通核、服务空间，便于护理人员为起居厅中的老人提供护理服务的同时，看到进出组团的老人及家属。如图 5.2.3（d）。

▷ **相邻组团起居厅可分可合**

起居厅布置还应考虑为运营管理提供更多灵活可变性。例如两组团起居厅可邻近布置，以灵活隔断分隔。需要时打开隔断，可共同开展活动；夜间时，也可由一组护理人员兼顾照料两个组团，节省人力，管理方式也更加灵活。如图 5.2.3（e）。

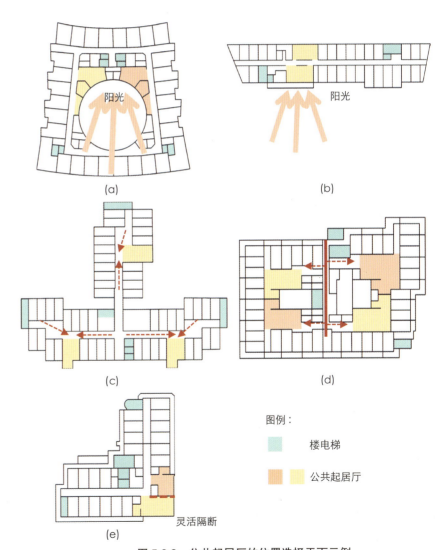

图 5.2.3 公共起居厅的位置选择平面示例

第2节 组团公共起居厅

公共起居厅的位置选择示例

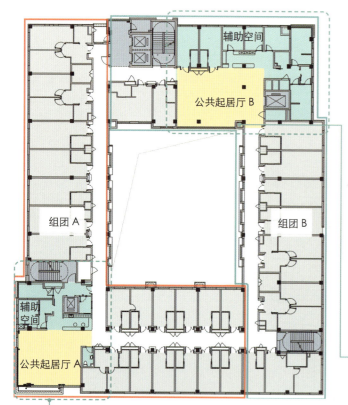

图 5.2.4 公共起居厅的位置选择示例

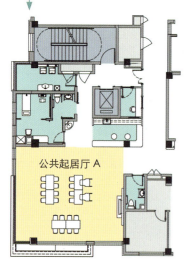

图 5.2.6 充分利用转角空间布置公共起居厅

实际设计时，受到诸多因素的限制不一定能够满足上述位置选择要点，需要综合权衡考虑，下面以一个设计实例进行具体分析。

▷ **位于组团中部缩短动线**

公共起居厅A、B分别设置于组团A、B拐角处，保证老人从居室到达起居厅距离较为近便，同时方便护理人员视线照顾到两边走廊中的情况。

▷ **优先保证日照充足**

原方案在南向尽量安排房间，在东北角设起居厅B。修改后方案将采光好的南向空间优先安排给公共起居厅。尽管会造成部分居室为北向，但对老人每天白天在起居厅活动却是十分有意义的。

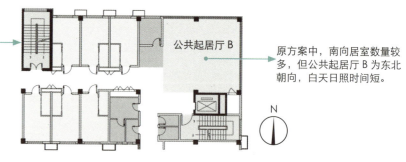

原方案中，南向居室数量较多，但公共起居厅B为东北朝向，白天日照时间短。

图 5.2.5 公共起居厅B的过程方案及修改原因分析

▷ **充分利用转角空间**

将公共起居厅A设置于转角处有三方面优势，一是两面临外墙，采光、通风良好；二是有更加开阔的视野；三是利用完整的空间提高了转角空间的利用率（相比于排布居室的情况而言节约了走廊面积），如图5.2.7。

图 5.2.7 转角空间布置对比分析

公共起居厅与其他相关空间的联系

▶ **公共起居厅的相关空间**

按照联系紧密程度不同,可将与公共起居厅相关的空间分为主要联系空间与次要联系空间。空间布局时应根据需要,考虑各空间的视线、动线联系要求。

▶ **主要联系空间**

① 护理站及配套空间:公共起居厅应与护理站及配套空间有密切的空间、视线联系,便于护理人员随时看护老人,提高效率、缩短流线。

② 公共卫生间:不少老人有尿急、尿频现象。为便于老人起居活动过程中随时如厕,须邻近起居厅布置公共卫生间。

③ 阳台/露台/花园:邻近设置户外空间能够丰富老人的活动类型,特别是便于行动能力较弱的老人接触自然,但须注意解决好室内外高差的问题。

▶ **次要联系空间**

① 电梯厅:将公共起居厅与电梯厅就近布置能够给起居厅带来更多人气,吸引上下楼的老人看见和顺便参与棋牌、手工、聊天等活动。

② 组团公共浴室:调研中发现,洗浴活动通常在上午、下午的中段时间进行,而公共起居厅中的活动也一般在此时段开展。因而,公共起居厅与浴室邻近布置可以方便老人在等待洗浴的过程中参与活动,也便于护理人员就近看护老人,节约人力。

③ 辅助服务空间:在照顾老人起居活动时,护理人员可能需要就近拿取物品、涮洗抹布、洗涤茶杯碗碟等。将备餐间、洗衣间、清洁间等辅助服务空间与公共起居厅邻近布置,有利于护理人员就近操作,同时兼顾照看起居厅中的老人。

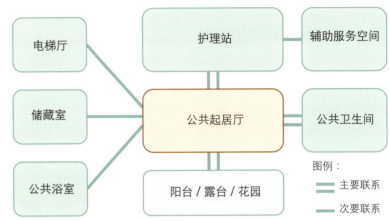

图 5.2.8 公共起居厅与其他空间联系紧密度示意

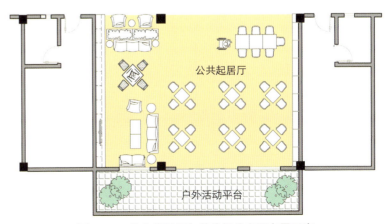

图 5.2.9 公共起居厅与其他相关空间布置示意

第2节　组团公共起居厅　　5-2

公共起居厅的功能与规模

▶ **公共起居厅的功能构成**

就餐活动空间

布置餐桌椅，供就餐、用茶点及开展各类需要台面的文娱活动使用。

起居活动空间

布置沙发、茶几、电视等，供老人休闲和交往使用。留出灵活布置空间，便于腾挪出开敞区域用于做操、运动训练等活动。

辅助功能设备

包括洗手池、储藏柜、展示柜、贴图板、写字板等。为日常活动提供辅助支持。

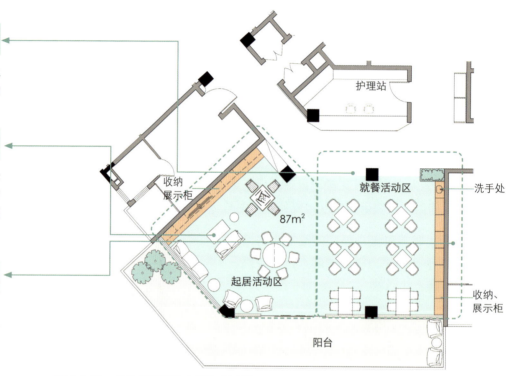

图 5.2.10　公共起居厅的功能构成示例

用餐：人均 2.0~2.5m²

根据《养老设施建筑设计规范》，公共餐厅人均使用面积为 1.5~2.0m²/座。但考虑到未来乘坐轮椅、躺椅或者需要协助用餐的老人逐渐增多，需要的空间会更大，因此，就餐区域使用面积如能设计到 2.0~2.5m²/座更为适宜。

＋ 适当的起居活动、辅助空间

起居活动空间应能够满足老人看电视、打牌以及做操等活动，人均使用面积约为 1.0~2.0m²。调研中了解到，组团全部老人到齐参加活动的情况较少，计算面积时，可将使用人数适当缩减。此外，起居活动常常会利用餐桌椅，用餐空间可能兼具起居活动功能。当空间较为紧张时，还可局部借用走廊空间。但为保证起居厅功能的多样化，要注意留有开敞活动空间，避免以布满桌椅为准的设计。

＝ 公共起居厅使用面积

将用餐空间与起居活动、辅助空间叠加，可得出公共起居厅总使用面积。需要注意的是，对于以长期卧床老人为主的护理组团，考虑到老人活动能力有限，可适当减少就餐位，并简化休闲娱乐功能空间。

公共起居厅常见布局

公共起居厅的布局方式灵活多样,按照就餐空间与休闲活动空间的关系不同,可将公共起居厅常见布局方式分为起居就餐分离式、半分离式、混合式三类。

▶ 起居就餐分离式

当公共活动空间面积较为充裕时,或者单元床位数较多时,可采用起居就餐分离的布局方式,方便按照不同区域的功能摆放家具,空间安定感更好,也能为护理单元内的老人提供更多元的活动空间。

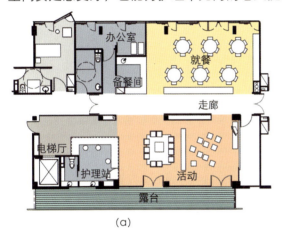
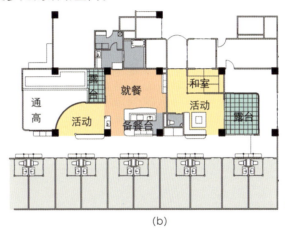

图 5.2.11 就餐起居分离式公共起居厅设计案例[1]

▶ 起居就餐半分离式

当空间相对有限时,可利用家具、台面、屏风等元素划分空间,使起居和就餐空间形成半分离式布局,空间层次更丰富,也便于分小组开展活动,并为老人与家属提供相对私密的交流场所。

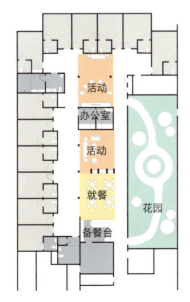

图 5.2.12 就餐起居半分离式公共起居厅设计案例[2]

▶ 起居就餐混合式

当单元人数较少或者空间不充裕时,可以采取起居与就餐空间混合布置的形式,形成一体化的餐起空间。这种布局方式使空间功能具有较强的灵活性,提高了空间利用效率。

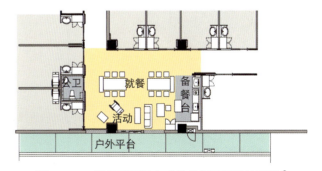

图 5.2.13 就餐起居混合式公共起居厅设计案例[3]

---

1 图片(a)改绘自:西班牙巴塞罗那老年公寓平面(作者调研获得),图片(b)改绘自:建築設計資料103 ユニットケア:特別養護老人ホーム・介護老人保健施設 [M].东京:建筑资料研究社,2005.
2 图片改绘自:American Institute of Architects. AIA Design for Aging Review 9 [M]. Australia: Images, 2008.
3 图片改绘自:建築思潮建築所.建築設計資料103 ユニットケア:特別養護老人ホーム・介護老人保健施設 [M].东京:建筑资料研究社,2005.

第2节 组团公共起居厅

公共起居厅就餐活动空间设计要点

▶ 就餐活动空间的多功能性

对于护理型组团,公共起居厅的一项核心功能是就餐。调研时看到,就餐空间有时还会被用于开展棋牌、书画等需要台面的活动,桌椅常常需要灵活组合,因此就餐空间设计应提供多样化使用的可能性。

▶ 考虑不同护理需要的老人

组团中老人用餐的方式可能是多种多样的,空间布置需要灵活适应不同使用情况。例如,为方便乘坐轮椅的老人进出餐位,需要留出宽敞的通道和轮椅回转空间。又如:部分老人需要协助用餐,考虑护理人员的近便与效率可设置弧形、梯形、U形等围合形桌椅,也可采用分散化的三人、四人桌,便于护理人员靠近护理老人。

图 5.2.14　分散型四人餐位适合需要喂餐或自理型老人

图 5.2.15　将方桌拼为长桌能够节约走道空间

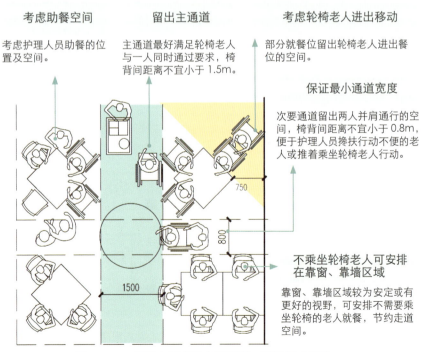

考虑助餐空间
考虑护理人员助餐的位置及空间。

留出主通道
主通道最好满足轮椅老人与一人同时通过要求,椅背间距离不宜小于1.5m。

考虑轮椅老人进出移动
部分就餐位留出轮椅老人进出餐位的空间。

保证最小通道宽度
次要通道留出两人并肩通行的空间,椅背间距离不宜小于0.8m,便于护理人员搀扶行动不便的老人或推着乘坐轮椅老人行动。

不乘坐轮椅老人可安排在靠窗、靠墙区域
靠窗、靠墙区域较为安定或有更好的视野,可安排不需要乘坐轮椅的老人就餐,节约走道空间。

图 5.2.17　用餐空间桌椅布置间距、通道尺寸示意

图 5.2.16　围合型餐桌便于同时协助多位老人用餐[1]

1　图片来自株式会社オリバー官方网站:http://www.oliverinc.co.jp/。

第五章 居住空间设计

▶ **设置相对私密的就餐空间**

亲友来陪同老人用餐的时候,往往希望有相对私密的角落,便于和老人进行较为亲密的对话和交谈。

失智老人情绪不稳定时,也需要在相对分隔、较为安定的区域用餐。

图 5.2.18　起居厅一角留出相对私密的就餐空间

▶ **满足多种桌椅组合要求,方便开展多样化的活动**

除了就餐、下午茶之外,就餐空间还常用做老人读书看报、棋牌游戏、手工书画,或进行小组活动(如园艺活动、认知训练等)的空间。不同类型的活动在参与人数、桌椅布置要求上有所不同。因而,主要的用餐区空间宜采用较为方正的形式,以方便桌椅的灵活布置,餐桌形状也最好选择方形、长方形。局部或异形空间中也可采用专门设计的可拼合的梯形、花瓣形桌子。

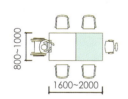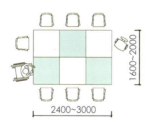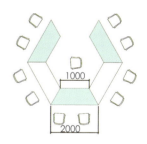

(a) 6~8人的小组活动(如手工、书画)　　(b) 10人左右的小组活动(如手指操)　　(c) 可拼梯形桌便于护理人员在中部照顾老人

图 5.2.19　考虑不同规模活动时桌子拼合形式[1]

---

[1] 图片 (c) 来自网站:http://www.pinyuan.cc/2056.html。

第2节 组团公共起居厅

公共起居厅休闲活动空间设计要点

5-2

▶ **休闲活动空间的家具布置注重多元化**

充分利用窗边空间（a）

(a)

老人十分喜欢在明亮的窗边空间活动、可以在窗边设置沙发、茶几，供老人晒太阳、读书看报。可适当降低窗台高度，以使光线更多地进入室内，也便于乘坐轮椅的老人看到窗外的风景。

多样的座椅、沙发摆放组合（c）~（e）

（c）单人沙发提供独处空间

（d）双人沙发利于亲密交流

使就餐、休闲区都能看到电视（b）

有些老人喜欢边看电视边用餐。因而，电视的摆放位置也要考虑部分用餐区老人的观看需求，满足视线、声音的要求。

(b)

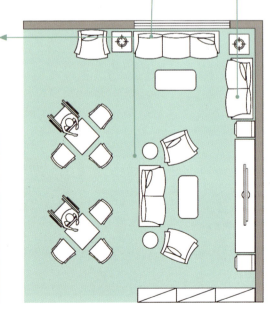

（e）三人沙发可供老人躺卧

图 5.2.20 起居活动空间家具布置要点

▶ 为集体活动留出做操锻炼空间

调研中了解到，许多组团中护理人员会在固定的时间组织老人进行身体锻炼，因此起居厅中一般需要留出可以集中锻炼的场地。该区域平时可摆放轻便的座椅，当进行做操活动时临时移开。如空间不足，也可借用走道空间、扩大活动区的面积。

老人还可能是在工作人员带领下，跟随视频中的示范动作进行锻炼，因此也要保证老人做操的区域能够有良好的视线与视距看到电视或投影幕布。

▶ 家具选型注重温馨化与居家感

起居活动区是护理组团中休闲放松的空间，对于营造整体空间氛围十分重要。轻便、实用的家具能够带来温暖的居家感，使老人在空间中感到放松、自在，促进彼此间自然的交流。因而，在选择沙发、茶几、电视柜等家具时，不宜盲目追求高端奢华，避免选择大型沉重的家具款式。

图 5.2.21　走廊局部扩宽，作为多功能活动区

图 5.2.22　小型化、居家化的家具带来温馨感

图 5.2.23　利用角落空间放置电视机，形成做操锻炼角

图 5.2.24　沙发尺度过大会给老人带来疏离感

第2节 组团公共起居厅

公共起居厅展示功能设计要点

▶ **留出充分的展示空间**

在公共起居厅中应注意留出较完整的墙面、较多的台面及展架，方便展示老人的手工书画作品、照片等。展示空间不仅会有良好的装饰效果，还会使不同组团的公共起居厅更具特色，带给老人们群体归属感。此外，对于失智老人来说，一些过去的物品、照片更是唤起回忆、引发话题的有效道具。

图 5.2.25 展示老人的照片、作品能增强老人的心理归属感

▶ **营造视觉焦点**

可结合电视墙面塑造起居厅的主墙面，为空间提供视觉焦点。不断更新的照片墙与作品展示架可以给老人带来新鲜感。

▶ **为失智老人设置现实导向板**

失智老人对时间、地点等抽象概念的认知能力会逐渐衰退，在起居厅中设置现实导向板，提示日期、地点、年月、季节、天气等信息对日常认知训练有所帮助。

图 5.2.26 将电视柜与展示柜组合，作为起居厅视觉中心

图 5.2.27 为失智老人设置现实导向板

公共起居厅储藏功能设计要点

▶ **储藏空间需要满足的功能**

设置充足、近便的储藏空间能够提高起居厅的整洁度,并能为各类活动提供有力的支持。起居厅中可设计壁柜、布置家具,形成有效的储藏空间,以存放各类用品:如棋牌、游戏道具、文具、彩纸等,方便护理人员及老人就近取放。同时,乘坐轮椅的老人到达公共起居厅后,可能会从轮椅转移到更舒适的座椅上(有时是为了保持老人的生活尊严)。因此,公共起居厅中还须考虑助行器、轮椅等辅助用具的暂存空间,避免影响其他老人通行。

▶ **储藏空间的常见形式**

▷ **充分利用墙面设置储存空间**

公共起居厅周边墙面需要进行充分的利用,如设置壁柜等,以增大储藏量。

▷ **利用台面下方空间增加储存空间**

如图5.2.29,建筑为框架结构时,可在柱间设置宽大的窗台,可以用来展示和摆放一些装饰品、老人作品等,台面下方空间则可储存助行器等辅助用具。

图 5.2.28　利用墙面设置壁柜

图 5.2.29　柱间、窗下空间可用于储藏助行器等辅助用具

▷ **设置明格、架子,放置常用物品**

一些活动用品,如棋牌、书籍、游戏道具等可以放置于明格或者带玻璃门的柜橱中,便于老人看清、自主拿取。同时设计一些大小不一的格架也可以作为展示区,展示老人的手工作品、摆放相片等。

图 5.2.30　设置明格或灵活的置物架展示、放置常用物品

第2节　组团公共起居厅

公共起居厅附设的半私密空间

5-2

▶ **半私密空间具有灵活的用途**

通过调研看到，一些国外养老设施组团中除设计了开敞的公共起居厅之外，还附设了小型半私密空间。半私密空间有许多用途，例如用于家属与老人、老人与护理人员的私密谈话，共同用餐。又如：针对失智老人开展感官刺激训练，疏导老人情绪、进行抚慰等。此外，一些较为私密的护理工作，临时为老人更衣、员工开会（晨会、交接班会议）、宗教信仰等具有一定私密性要求的活动也都可以在该空间开展。

▶ **半私密空间设计要点**

▷ **设置灵活隔断，可分可合**

可采用推拉门或折叠门等方式对半私密空间进行灵活分隔。如图 5.2.32，小空间设置转角推拉门，打开隔断，与公共起居厅融为一体；关闭隔断，又成为独立的区域。其灵活可变性提供了空间的多种使用方式。

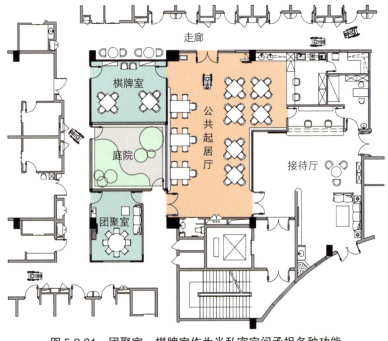

图 5.2.31　团聚室、棋牌室作为半私密空间承担多种功能

▷ **设施设备满足多功能使用需求**

设置电视	设置用水点
方便老人与家属在此共同观看电视或者家庭视频、照片。	设置水池及迷你茶吧，为老人与家属提供共同喝茶聊天的空间。还可设置微波炉，方便加热饭菜。

图 5.2.32　使用转角推拉门划分半私密空间，更加灵活

图 5.2.33　设置电视、用水点等设施设备满足多功能使用需求

公共起居厅洗手处设计要点

▶ **临近起居厅设置使用便利的洗手空间**

一般洗手池都会设置在卫生间中，但老人的公共起居厅中，由于洗手池使用比较频繁，因此希望尽可能将其就近、开敞设置。例如，在用餐前后，护理人员可能会引导老人洗手、漱口、清洗假牙等。开敞的洗手处避免了反复进出卫生间，提高了护理的效率。又如，在开展书画、手工活动时，开敞的洗手处能够方便老人洗笔、打水。因此，在公共起居厅附近布置开敞式洗手空间很方便。当然，当公共卫生间就设在起居厅附近时，也可通过将洗手池设置在卫生间外的方式，方便老人、护理人员随时使用。

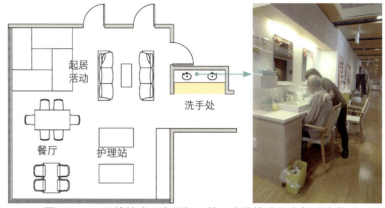

图 5.2.34　开敞的洗手空间便于护理人员协助老人餐后洗漱

▶ **洗手空间细节设计要点**

考虑洗漱用品存放

为方便老人将牙杯牙刷等洗漱用具放在水池边，须设置台面满足老人就近拿取的需求。

台面下方留空

下部留空方便轮椅老人使用洗手池。

干湿分区

洗手池附近地面可能洒落水渍，因此洗手池应避免设置在频繁通过的交通要道上，以防老人滑倒。可将洗手区与主要活动区拉开一定距离，或以走道分隔。

图 5.2.35　洗手空间设计示例

第2节 组团公共起居厅

5-2

公共起居厅设计示例①

普通护理组团

▶ **普通护理组团公共起居厅设计要点**

下面以 20 人护理组团中的公共起居厅作为示例，详解各功能空间设计要点。

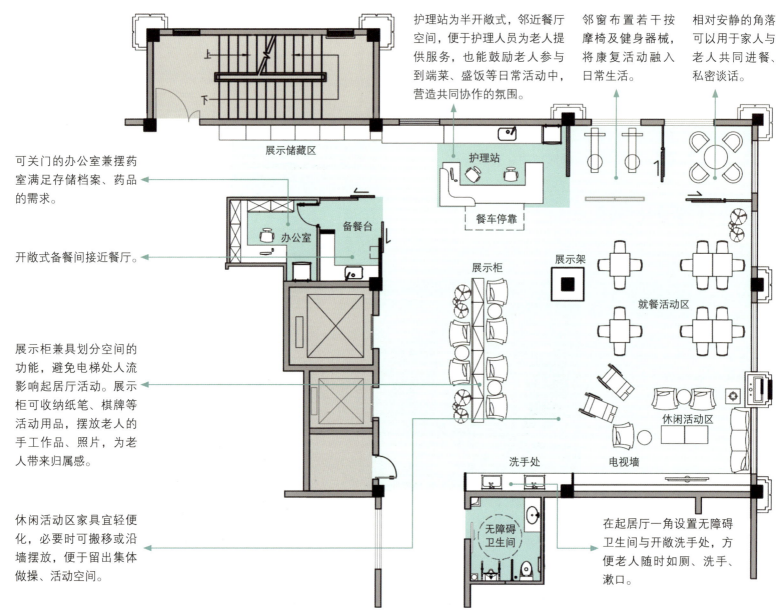

图 5.2.36　普通护理组团公共起居厅设计示例

第五章　居住空间设计

▶ **普通护理组团公共起居厅设计案例**

图 5.2.37
休闲区与用餐区邻近，用餐区和坐在沙发上的老人都能方便地看到电视

图 5.2.38
开敞布置的洗手池能够方便老人和护理人员随时使用

图 5.2.39
护理站位置视野良好，方便护理人员了解到起居厅老人的活动情况

图 5.2.40
空间层次丰富，桌椅形式多样，老人能根据自己的需要喜好选择休息区域

145

第2节　组团公共起居厅

公共起居厅设计示例②
失智护理组团

▶ **失智护理组团公共起居厅设计要点**

下面以 13 人左右的失智组团公共起居厅为例，阐释相应的设计要点。

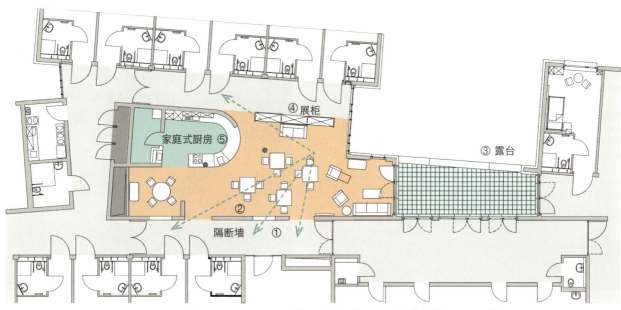

图 5.2.41　德国 St.Carolushaus 护理院失智护理组团公共起居厅平面图[1]

① 隔断设计保证视线通透

通过在隔断墙上开设洞口、设置半高展柜等方式进行空间划分，既保证视线通透，便于失智老人识别空间整体情况，又让其能看清走廊，容易找到自己的居室。

图 5.2.42　起居厅隔墙保证视野通透

---

[1] 图片来自 St.Carolushaus 护理院宣传册（作者调研获得）。

② 装饰特征明显,易于识别

采用当地古镇特色图案装饰墙面,增强空间识别性,引发老人的回忆。

图 5.2.43　室内墙面装饰采用老人熟悉的城市图片

④ 半高柜丰富了展示空间

半高的储藏柜兼做空间隔断,收纳纸笔、书籍、棋牌等活动用品,并预留展示区,展示老人的手工作品、照片。

图 5.2.45　兼做隔断的半高柜具有多种功能

③ 露台便于开展户外活动

邻近公共起居厅设置露台,方便老人就近晒太阳、休息与放松身心。天气好的时候可以打开门扇,连通室内外空间。露台还可以承担晾晒衣物的功能。

图 5.2.44　与起居厅相邻的露台方便户外活动

⑤ 家庭式厨房提升老人对生活的兴趣

设置半开敞式家庭厨房,护理人员可与老人共同决定每日的饮食菜谱,并在组团内烹饪简单的食物。同时,护理人员鼓励老人参与力所能及的家务工作,以提高老人生活兴趣,形成其乐融融的家庭氛围。

图 5.2.46　公共起居厅设置半开敞厨房促进老人参与生活性活动

第 3 节
护理站

第3节 护理站

护理站的定义及常见设计误区

▶ 护理站的定义

本节所讲的护理站,一般指设置在养老设施老人居住楼层或组团内,供护理人员开展办公、管理事务和为老人提供日常餐饮等服务的空间。

一般在主要面向失能、失智老人的养老设施中,每个居住楼层或组团内都需要设置护理站。而在主要面向健康老人的养老设施中,由于居住楼层中老人所需的服务较少,配置的服务人员不多,因此一般可不设置护理站,而是根据实际需要设置其他的办公、管理用房。

图 5.3.1 护理站示例

▶ 护理站的常见设计误区

一些初次涉足养老项目的开发者、设计者对护理站的实际功能了解不够明晰,在设计过程中常将其与酒店前台、医院护士站等混淆,造成护理站功能不全、服务不便等问题。常见的设计误区包括:

▷ 将护理站设计为酒店的"前台"

一些养老设施将护理站按照酒店前台的标准进行设计,强调护理站外观豪华、美观,具有展示效果,以形成视觉焦点,但在服务功能,如记录、备餐、储藏等方面却考虑不足。

▷ 将护理站设计为医院的"护士站"

一些养老设施在设计护理站时会参考医院的护士站,比较注重医护功能和护理人员工作效率,但在护理人员为老人提供日常照看、餐饮服务等方面却考虑不足。此外,一些参考护士站设计的护理站空间界面较为封闭,不利于护理人员和老人进行亲切的交流与互动。

▷ 将护理站设计为写字楼的"管理室"

另一种错误观点是将护理站片面地理解为一个办公、管理房间,将其设计得像写字楼的管理室或值班室,空间封闭、位置偏僻,不利于护理人员便捷地开展日常服务。

图 5.3.2 参考医院护士站设计的护理站空间界面较为封闭

第五章　居住空间设计

护理站的设计理念

▶ **护理站是为老人提供日常家庭化服务的场所**

通过调研发现，养老设施中的老人每天大部分时间是在居住楼层或组团中度过的。他们在这里就餐、活动、休息、与他人交流。老人们希望每天在养老设施中的生活能够像在家里"过日子"一样轻松、安逸。因此，护理站最好像家中的"厨房"一样，能够为老人提供日常所需的各种家庭服务，如备餐分餐、供应茶点、热饭热奶等，而不仅仅是一个办公、管理空间。

图 5.3.3　护理站形式如同家中的厨房，能为老人提供各项家庭服务

▶ **护理站是护理人员和老人之间亲切交流的平台**

由于护理人员在护理站工作的过程中，需始终保持与老人有密切的视线沟通；老人在日常生活中也十分渴望得到护理人员的关注。因此，提倡将护理站设计为开敞的形式，使其能够成为护理人员和老人之间的交流平台，使两者的关系更为亲密。

图 5.3.4　开敞的护理站使护理人员能方便地与老人进行面对面沟通

第3节 护理站

护理站的位置选择

5-3

▶ **选择护理站位置应考虑的要素**

要素① 服务距离

护理人员工作时需要频繁往返于护理站和各老人房间之间。如果服务距离过长，则会大量消耗护理人员的体力，降低服务效率。因此，在选择护理站的位置时须尽量考虑与老人房间的距离关系。

要素② 护理视线

护理人员在护理站工作时，视线须照顾到尽量多的老人活动区域，以便在工作过程中随时了解老人的状况，在必要时提供及时的服务。因此护理站宜位于视线通达的位置（护理视线的具体分析请见下页）。

> **TIPS 护理站合适的服务距离**
>
> 根据调研和实践经验，护理站至最远老人房间的服务距离一般不宜超过40m。
>
> 即对于常见的单廊式养老设施而言，"一条腿"上的房间数量最多约为10间。如图5.3.5所示L形楼栋，在一个护理站两个方向的服务距离内，房间总数约为20间。这与保洁人员每天可打扫20~22个房间的工作量也相吻合。

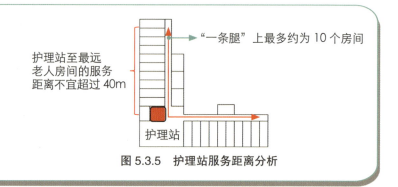

图5.3.5 护理站服务距离分析

▶ **护理站的常见位置**

位置① 楼层的中部

护理站居中时，护理人员去往各老人房间的距离较为平均。

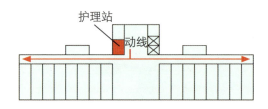

（a）护理站位于楼层中部

位置② 走廊的交汇处

护理站设于走廊的交汇处时，须注意选择在视线通达的位置，以利于护理人员观察到各条走廊的情况。

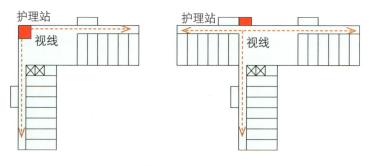

（b）护理站位于走廊交汇处

图5.3.6 护理站常见位置示意及分析

护理站的视线要求

▶ **护理站视线要求的优先原则**

如前所述，选择护理站位置时须让护理人员尽量多地看到老人活动的区域，如公共起居厅、公共走廊、楼电梯、公共服务空间等，以方便照护、节约人力。但在实际设计护理站视线时，兼顾到所有空间往往有一定困难，需要按重要程度进行排序，视线照顾不到之处可利用电子监控探头、呼叫器等设备帮助弥补。可按如下顺序考虑护理站视线设计的优先级：公共起居厅 > 公共走廊 > 楼电梯 > 公共卫浴空间。具体说明见图 5.3.7。

应看到：公共起居厅

养老设施中老人白天多会在公共起居厅活动，因此须优先考虑护理站与之视线通达，保证服务的便捷。

宜看到：楼电梯

楼电梯及居住楼层或组团的其他出入口宜处于护理站的视线范围内，以方便护理人员了解老人出入和上下楼时的情况，也便于向出入的老人打招呼，营造亲切的氛围。

宜看到：公共走廊

老人经常会在公共走廊中走动、锻炼、交流，因此护理站的视线需尽量看到各条走廊，以便护理人员随时了解老人进出房间的情况。

可看到：公共卫浴空间

老人在使用公共卫生间、公共浴室时，希望护理人员能关注到自己的安全，因此护理站的视线在条件允许时可兼顾公共卫浴空间。另外护理人员在帮助老人洗浴时，如需要协助也能够方便地招呼其他人员。

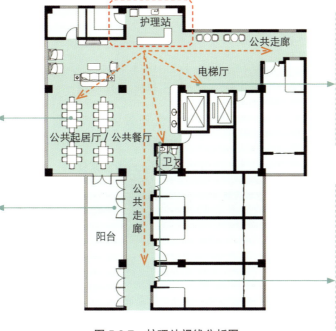

图 5.3.7　护理站视线分析图

TIPS　护理站视线设计技巧

如果在设计上能使一个护理站同时看管两个或多个组团，则可以减少夜间值班人数。

右图是一个较好的示例，每层分为两个组团，两个组团的护理站"背靠背"设置在中部，每个护理站的视线都可以兼顾到两个组团，夜间只须留一组人员值班即可，使人力得到有效节约。

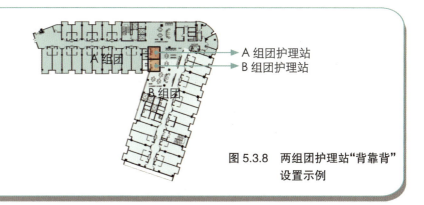

图 5.3.8　两组团护理站"背靠背"设置示例

第3节 护理站

护理站的功能及空间需求

5-3

▶ **备餐及厨房操作功能**

护理站须具有加热食品、提供茶点、清洗餐具等基本的厨房操作功能，此外，在没有设置专门的备餐间时，护理站还应具备备餐、分餐功能。根据调研和实践经验，为了满足这些功能，护理站需要配置以下设备：水池、操作台、橱柜、冰箱、微波炉、电饭煲、饮水机、电磁炉等。

备餐区属于带水操作空间，还须注意与记录、电脑操作为主的工作区适当分离，避免干湿操作区域交叉，造成污染。

护理站应设置的厨房设备：水池、操作台、橱柜、常用电器

护理站备餐区的空间设置形式一般分为两种：

与工作区集中设置

集中设置便于护理人员同时兼顾备餐与办公、管理工作，有利于提高工作效率，节约空间。

图 5.3.9　备餐区与工作区集中设置

与工作区分开设置

单独设置备餐区，有利于洁污、干湿分区，也便于让老人参与一些日常操作。

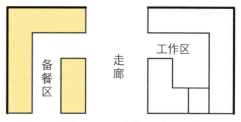

图 5.3.10　备餐区独立设置

TIPS　护理站旁须留出餐车操作的空间

餐车运送食物到达老人居住的楼层后可以选择在护理站备餐、分餐，然后直接将饭菜端至老人面前。这样工作流线最为便捷，也利于护理人员了解老人入座就餐情况。在这种服务模式下，设计时应在护理站旁预留出餐车停放和操作的空间，并保证有足够的台面进行操作。

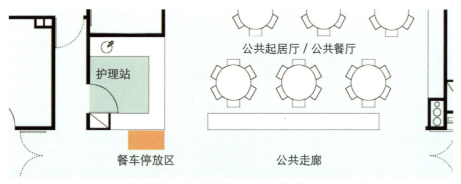

图 5.3.11　护理站旁预留餐车停放区示例

图 5.3.12　餐车停靠在护理站旁，便于分餐操作

办公及后勤服务功能

▷ 护理站内部须设置必要的办公设备

护理站须设置供护理人员进行记录、监控、查询、联络、开会、复印、打印等办公、管理操作的工作区。为了满足上述功能，工作区一般须设置的办公设备包括：

电脑	文件柜	复印机	钟表	监控设备	呼叫设备	消防控制设备
电话	记事板	打印机	日历			

护理站须为这些设备考虑充足的墙面、台面和存放空间，并需要配置一些电源插座。另外，护理站还须尽量考虑助行器、轮椅的暂存空间。

▷ 护理站周边须附设必要的后勤空间

护理站周边需要配置各类后勤服务空间来对护理服务工作给予支持。这些空间包括管理室、值班室、储藏间、更衣室、分药间、清洁间、员工卫生间等。当面积有限时，一些功能空间可根据实际情况进行增减、合并。

图 5.3.13 护理站须设置电脑、打印机

图 5.3.14 护理站须设置监控设备

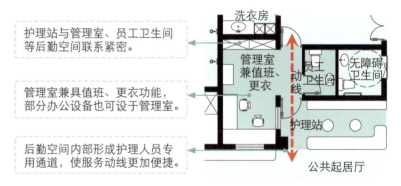
图 5.3.15 护理站周边附设后勤空间的示例分析

TIPS　护理站须考虑护理人员开会的需求

通过调研了解到，各组团的护理人员每天早上一般会集中在护理站进行交接班的例会，来交代昨晚的情况、安排当天的工作。

因此，护理站中开会空间的设计既要具有一定的独立性，方便护理人员谈及不希望老人听到的具体情况，又要使护理人员在开会时能够观察到周边空间中老人的活动状况。

图 5.3.16 护理人员在护理站开会

第3节　护理站

护理站服务台的设计要点

▶ 护理站服务台设计要点分析

护理站宜两头出入

由于护理人员须频繁进出护理站，因此护理站应避免形成袋形空间，宜在两个方向上就近服务区域设开口，使动线更加便捷。

备餐区须留有足够台面

备餐区宜设置充足的台面来摆放微波炉、热水壶、茶杯等设备及用品。台面旁须留出冰箱位，台面上宜设置吊柜，增大储藏量。

工作区和备餐区宜适当分离

干作业和湿作业的两个区域宜相对独立。另外，由于护理人员多数时候是在老人身边服务，护理站工作区一般设置1~2个工位即可。

工作区宜设置高低台

低台利于护理人员与老人交流。高台可遮挡电脑、文件等办公物品，避免杂乱，保护办公私密性。但高台设置不宜过高、过长，以便护理人员坐在高台后面时能看到周边情况。

低台下部宜适当留空

低台下部留空高度至少650mm，以便乘坐轮椅的老人接近，与护理人员进行交流。工作区台面下也宜布置活动柜，以增强办公的灵活性。

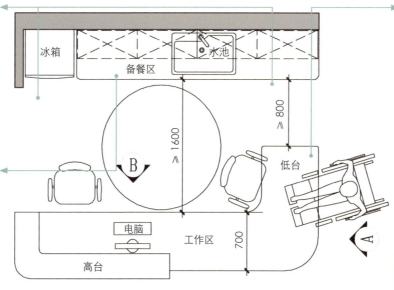

图 5.3.17　护理站设计示例平面图

图 5.3.18
护理站低台台面下部留空示例

图 5.3.19　护理站高台示例

图 5.3.20　护理站设计示例 立面图Ⓐ

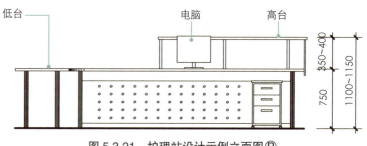

图 5.3.21　护理站设计示例立面图Ⓑ

护理站及配套空间设计示例

第五章　居住空间设计

▶ **多功能的护理站及配套空间设计示例**

本示例中,护理站周边设置了管理室、晾晒阳台、公共卫浴、洗衣房、客梯(兼餐梯)、后勤梯等多种空间,功能齐备、动线便捷。具体说明如下:

护理站居中布置

护理站居于楼电梯、公共起居厅及其他后勤服务空间的中间,起到了总体控制的作用,并缩短了各项服务流线。

护理站内部串联两条服务动线

一条是通往晾晒阳台、洗衣房和公共卫浴的流线,一条是通往清洁间和后勤梯的流线。这两条流线使护理人员的清洁、洗涤、晾晒、运输等操作更为集中、便捷,并避免了与老人流线交叉。

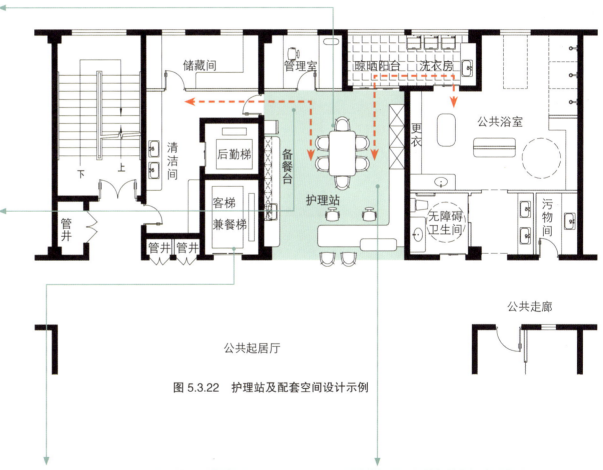

图 5.3.22　护理站及配套空间设计示例

客梯、餐梯靠近护理站布置

客梯位于护理站旁,便于护理人员兼顾老人的出入情况。客梯兼做餐梯,便于餐车运上来后直接进入护理站的备餐区进行备餐、分餐。

护理站旁配套管理室

管理室平时一般用于员工更衣、储物,必要的时候也能满足员工夜晚休息的需求。

护理站内部空间开敞、灵活

护理站内部根据实际需要设置桌椅和储物柜等,护理人员可在此进行小型会议。此外,设置台面也方便护理人员进行记录、分药等工作。

第 4 节
老人居室

第4节　老人居室

老人居室的界定

本节中所讨论的老人居室，主要指养老设施当中供老人居住的房间，大多由卧室和卫生间组成，部分还设有厨房、阳台、起居室等空间，老人每天的睡眠、休息和部分日常起居活动在居室内进行，其他活动如用餐、锻炼等主要在公共活动空间进行，参见《养老设施建筑设计详解2》（卷2）1-4节。目前，相关从业人员对老人居室的主要类型及其与其他居住建筑居室之间的异同认识还不够清晰，下面进行一些讨论。

▶ 老人居室与酒店客房和医院病房之间的区别

酒店客房和医院病房在形式上与养老设施当中的老人居室较为类似，因此经常被作为老人居室设计的参考，但在实际使用过程当中，三者对居住时间、居住目的、无障碍要求和储藏要求等方面都存在较大差异（表5.4.1），在设计当中应该给予充分的考虑。

老人居室、酒店客房和医院病房的使用需求比较　　表5.4.1

类别	老人居室	酒店客房	医院病房
居住时间	长期居住	临时居住	临时居住
居住目的	生活照料	差旅/休闲	临床治疗
无障碍要求	需要考虑	不必全考虑	需要考虑
储藏要求	较高	较低	较低

▶ 老人居室的主要类型

从老人身体条件和运营管理模式等方面考虑，养老设施当中的老人居室大致可分为以下两种。

▷ 护理型老人居室

主要面向具有护理需求的失能、失智老人，通常以"床"为单位进行租赁，并由护理人员为老人提供生活照护服务，具体形式包括单人间、双人间、多人间等（图5.4.1）。

▷ 居家型老人居室

主要面向具有自理能力的健康老人，通常以"套"为单位进行租赁（也存在带有部分产权的居住产品），更加注重保持老人居家生活的状态，具体形式包括单开间居室、一室一厅、两室一厅等（图5.4.2）。

图5.4.1
护理型老人居室

图5.4.2
居家型老人居室

老人居室的常见设计问题

▶ **居室类型单一**

我国 20 世纪建成的养老设施由于受到经济条件等因素的限制，其中的老人居室多采用三人间、四人间甚至更多人共同居住的房间，而近年来，一些新建或改造的设施则更倾向于设置双人间。每个居室内老人数量的减少虽然在一定程度上体现了居住品质的提升，但居室类型还较为单一，这反映出目前我国养老设施老人居室设计对老年客群需求的理解和思考还较为不足。例如，部分养老设施没有设置单人间，一些希望单独居住的老人不得不一人包下双人间居住。如果不事先细分客群、匹配合适的居室类型，将无法满足不同老人的居住需求。

▶ **对老人身体的变化考虑不足**

目前，我国的养老设施在收住老人时，更多关注的是老人入院时的身体条件，而没有考虑到入院后老人身体状况的变化以及因此会对居室空间产生的不同需求。我们在调研中就曾了解到一对老年夫妇面临两难选择：入住初期，他们的身体较为健康，能同住在居家型居室当中，但不久后老先生由于突发脑卒中需要护理，如果将他转移到护理型居室，两人将无法共同居住生活，并且需要花费双份的居室租金，加重经济负担；如果两人坚持共同居住，居家型居室的空间和设施又无法为老先生提供必要的支持。据多位养老院院长反映，类似这样的情况在他们管理的养老院中也有发生。因老人身体变化而带来的问题如不在设计时事先进行考虑，未来的改造将会非常麻烦。

▶ **对设计细节不够重视**

由于我国在相关设计规范中对无障碍设计作出了要求，因此大多数养老设施的居室都能做到地面平整、留有轮椅回转空间，但对一些生活和护理方面的设计细节重视不足。例如储藏空间设计不足，老人的各类物品只能堆放在过道的地面上（图 5.4.3）；房门宽度预留不足，护理床无法顺利推出（图 5.4.4）等，给老人和护理人员的使用造成了较大的不便，甚至带来了安全隐患。

图 5.4.3　储藏空间不足，老人物品无处存放

图 5.4.4　户门宽度不足，护理床无法推出

第4节　老人居室

国外老人居室的发展经验借鉴

▶ 空间氛围家庭化

国外养老设施的居住空间经历了长期的探索与实践，其空间氛围呈现出了从机构化向家庭化发展的趋势。例如，德国的养老设施居住空间就经历了多个发展阶段（图5.4.5），从早期的"监狱"式、医院式，过渡到宿舍式，再发展到如今的家庭式，体现出了人们对居家生活体验的逐步重视，营造家庭氛围也成了目前国外养老设施较为推崇的设计理念。

1940~1960年	1960~1980年	1980~1995年	1995年至今
救济老人，解决温饱问题	倡导医疗与养老相结合 注重卫生和护理服务	开始采用个人居住空间与公共活动空间相结合的形式	开始采用组团化和居家化的共同居住模式

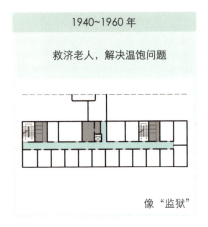
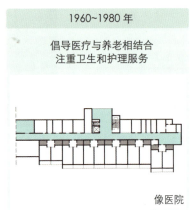

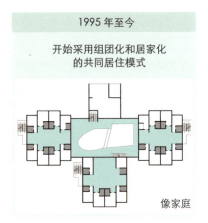

像"监狱"　　像医院　　像宿舍　　像家庭

图5.4.5　德国养老设施老人居住空间的发展历程

▶ 装饰布置个性化

国外养老设施的老人居室设计提倡为老人的个性化布置留出余地。在我们调研的一些欧美国家养老设施当中，老人居室内大多只为老人提供护理床、床头柜、衣柜等生活必需的家具，而其他家具则鼓励老人自带（图5.4.6）。因此，老人可以使用自己熟悉和喜爱的家具饰品来装点居室空间，形成个性化的居室布置样式。

在我国的养老设施建设当中通常会统一配置家具，因此每个老人居室的装饰陈设都基本相同，家具设备占满了空间，老人的个性化需求难以在个人的居室当中得到满足。因此，在今后的设计当中，可适当借鉴国外养老设施老人居室的设计思路，为老人居室的个性化布置提供一定的自由度。

入住前

入住后

图5.4.6 德国某养老设施的居室内仅提供护理床、床头柜、衣柜和桌椅，经过老人的个性化布置更具个性特色和家庭氛围

▶ 居室类型单人化

在一些发达国家，养老设施的老人居室经历了从多人间向单人间转变的发展历程。以日本为例，早期面向老人的介护疗养型医疗机构疗养病床多以六人间为主，到 20 世纪 50~60 年代，老人居室多设为四人间（图 5.4.7）。此后，随着经济的发展和老人居住水平的不断提高，养老设施的居室配置需求也发生了改变，要求设置更多的单人间。规范标准也进行了相应的调整，例如特别养护老人之家（特別養護老人ホーム）的建设标准就规定老人居室应以单人间为主（图 5.4.8）。因此发展至今，单人居室已在日本养老设施中占据了很高的比例。

一些欧洲国家，尤其是北欧国家的养老设施也较早地呈现出了居室单人化的发展趋势，部分地区已对新建设施中的单人居室比例作出了规定，有些地区甚至要求这一比例达到 100%。

当然，经过实践，面对居室全面单人化的倾向，国外也存在一些不同的看法。一些专家学者表示，全部采用单人间可能并不是居室配置的最佳选择，居室类型的单人化不等于单一化，老人居住需求的多样性不容忽视，需要权衡考虑。

目前，出于对养老床位数量的重视，我国养老设施的老人居室大多设计为双人间，随着经济条件和居住水平的提高，我国老人对单人居室的需求可能会逐渐显现出来，在今后的设计中可结合国外经验予以充分考虑。

同时，为满足设计规范当中对居室日照小时数的要求，我国养老设施中的居住部分多采用单廊南侧布置双人间的平面形式，虽然自然通风采光良好，但不利于节地。图 5.4.9 比较了单廊和中廊平面形式的建筑进深，可以看到，采用中廊双侧布置单人间的平面形式更能充分利用进深，达到节地、缩短动线的效果。由此产生的北向房间虽无日照，但可通过在每层设置南向公共起居厅的方式满足老人白天晒太阳的需求。

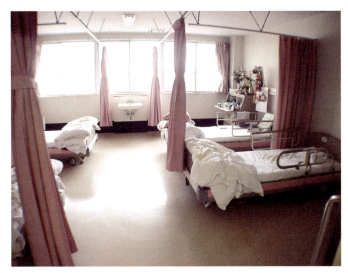

图 5.4.7 早期的日本养老设施以多人间为主

图 5.4.8 如今日本的养老设施居室以单人间为主

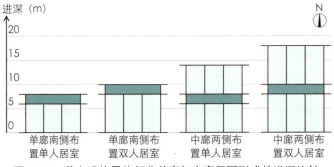

图 5.4.9 养老设施居住部分单廊与中廊平面形式的进深比较

第4节　老人居室

老人居室的配置要点

▶ 从客群的类型和需求进行考虑

养老设施的入住老人在身体状况、护理程度、家庭背景、生活习惯和经济水平等方面会存在不同程度的差异，对居室户型的需求也有所不同。因此，在配置老人居室时，应该对老人的类型和需求进行细致的分析。

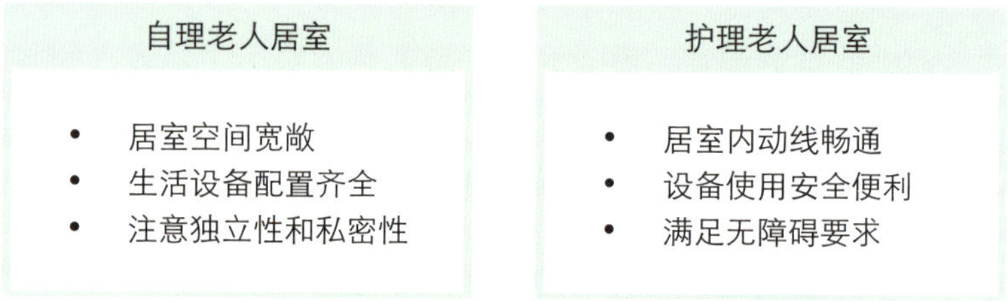

▷ 自理老人和护理老人的居室设计应区别对待

自理老人和护理老人对于居室的设计要求差异较大（图5.4.10），自理老人通常要求居室空间宽敞、设施齐全，便于独立生活；护理老人由于行动能力较差，通常希望居室内的行动流线畅通，设备使用安全便利，满足无障碍设计要求。因此，在养老设施的设计之初就应尽量明确设施的类型和定位，确定收住自理老人和护理老人的比例，或预留可调的余地。

▷ 细分入住老人需求，匹配适宜的居室类型

由于入住养老设施的老人情况各不相同，因此居室设计最好具有针对性，以满足老人差异化的居住生活需求。例如，同样是双人间，供夫妇居住的和供陌生人共同居住的在设计上就有所不同。

结合调研经验，我们尝试对养老设施的入住人群进行了细分，并对他们的需求特征和适宜户型进行了列举，详见图5.4.11。

在实际项目当中，除了需要考虑为不同需求的老人匹配适宜的居室类型之外，还需要关注各类居室户型的配置比例。

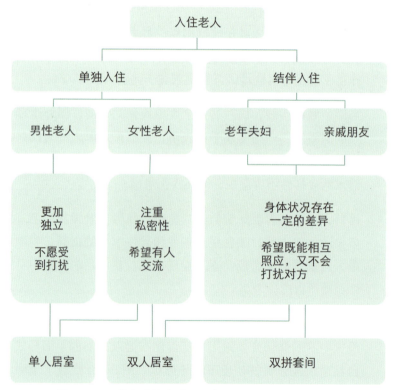

图 5.4.10　自理老人和护理老人居室设计的侧重点

图 5.4.11　养老设施客群、需求及居住产品的对应关系

▶ 从设施的入住进程进行考虑

一般情况下，养老设施从开业到住满会经历多个不同的阶段，其中开业初期入住人数的增长通常是较为缓慢的。当入住人数较少时，为节约运营成本，养老设施一般不会开放全部的居住单元，而是安排老人集中居住并提供照护服务，因而形成了不同身体状况的老人混合居住的状态。当入住老人达到一定数量时，养老设施才有条件根据老人的身体状况分区进行照护，以提高服务质量和效率。

一些养老设施有分期开放的计划，在建筑设计中应予以考虑，注重分区设计，并为今后的管理和使用留有灵活性。常见的分区方式包括垂直分区和水平分区，如图 5.4.12 所示。在不能完全确定客群类型时，建议暂时不对后期开放的居住单元进行装修，以便根据入住初期的客群反馈调整和确定后期的装修方案。

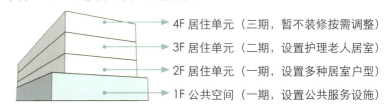

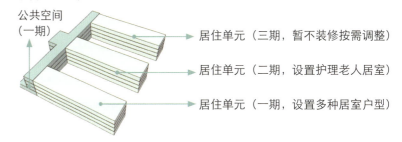

图 5.4.12　养老设施分期分区开放和配置老人居室的示例

▶ 从服务效率和居住品质的权衡上进行考虑

在设计和配置老人居室时，服务效率和居住品质常常是一对矛盾，提高服务效率通常需要在一定程度上牺牲居住品质，而提高居住品质则难免需要以降低服务效率作为代价，需要权衡考虑。图 5.4.13 对几类常见老人居室的服务效率和居住品质特征进行了总结，供读者参考。

图 5.4.13　不同类型老人居室在服务效率和居住品质方面的排序

第4节　老人居室

5-4 老人居室的朝向选择

在我国的大部分地区，居室朝南都更受老人欢迎，我国在养老设施建筑相关规范中也要求"老年人居住用房的冬至日满窗日照不宜小于2小时"。但实际上在设计中，争取最优朝向与提高运营效率、节约能源土地等方面往往是相互矛盾的，如何做到既能让老人晒到太阳，又兼顾效率和经济性等方面的要求，是我们在确定老人居室朝向时需要着重考虑的。

▶ 在关注居室朝向的同时照顾公共起居厅的朝向

老人居室的朝向一般以南向为宜。在养老设施的设计当中，为满足规范要求，通常会将全部南向房间都用作老人居室，而将公共起居厅挤到没有阳光的北侧（图5.4.14）。

然而，通过观察老人的实际生活状态我们发现：白天，老人通常会在公共起居厅活动和用餐，由护理人员集中提供照料和护理服务；到了中午或晚间，老人才会回到自己的居室当中休息就寝。因此，公共起居厅作为白天老人最主要的公共活动空间，其朝向应受到高度重视，在设计中甚至应该优先于老人居室进行考虑（图5.4.15）。

▶ 适当设置东西向和北向居室可提高服务效率

东西向和北向居室的日照条件虽然不如南向居室好，但有助于节约土地、降低建设成本。在多个朝向布置老人居室有助于形成围合空间，加强交通联系，缩短服务距离，提高服务效率。因此，设计时在保证舒适度的基础上，适当配置东西向和北向居室是具有一定价值的。

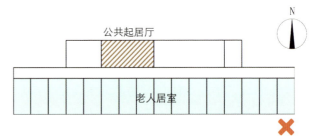

图5.4.14　某养老设施为了设置更多的南向居室，将公共起居厅设置在了北向

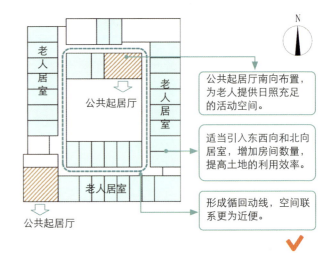

公共起居厅南向布置，为老人提供日照充足的活动空间。

适当引入东西向和北向居室，增加房间数量，提高土地的利用效率。

形成循环动线，空间联系更为近便。

图5.4.15　采用回形平面的养老设施较好地平衡了房间朝向与服务管理效率之间的问题

TIPS　不同地区老人对居室朝向的偏好差异

南、北方不同地区老人对居室朝向的偏好存在一定差异（图5.4.16）。在北方，北向居室冬季无法获得日照，室内温度较低，因此老人的接受程度普遍不高。而在南方，由于夏季气候较为炎热，西晒的问题更为突出，因此相比于西向居室，老人更愿住在阴凉的北向居室当中。

图5.4.16　老人居室朝向优劣的地域差异

老人居室的排列布置

▶ **老人居室的常见排布形式**

在我国的养老设施当中，老人居室的常见排布方式主要包括单廊式和中廊式两种（图5.4.17）。

单廊式的养老设施建筑进深较小，自然通风效果好，但不利于节地，更多出现在南方的养老设施当中。

中廊式的养老设施建筑进深较大，自然通风效果不佳，但更利于节地，相对更加适用于北方的养老设施。

过长的中廊会导致走廊黑暗、自然通风不良等问题，应尽量避免。根据实践经验，连续中廊的长度控制在25m以内是较为合适的，可利用公共起居厅、休息厅等公共空间或楼电梯间、走廊端头等交通空间引入自然采光，并促进室内空气流通（图5.4.18）。

由此可见，老人居室的排列布置方式影响着养老设施建筑空间的舒适度和土地的利用效率，进而影响其经济效益，在设计时应权衡考虑。

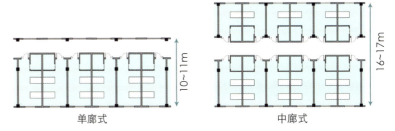

图5.4.17　养老设施老人居室的常见排布方式

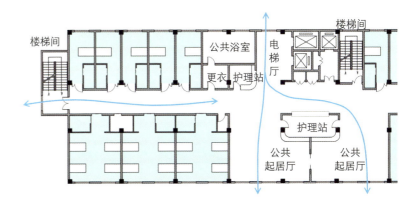

图5.4.18　中廊式布局可利用公共区域开口加强自然通风采光

TIPS　特殊位置老人居室的设计技巧

设计中遇到建筑端头、转角等处时，往往不易排布标准房间，可通过一些特殊的处理手法，将其设计为套间等非标准的居室类型，在充分利用建筑空间的同时，为老人提供更加丰富的居住选择（图5.4.19）。

  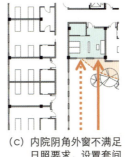 

(a) 为避免户门正对走廊，设置双拼套间　　(b) 端头房间紧贴楼梯无法开门，设置一室一厅套间　　(c) 内院阴角外窗不满足日照要求，设置套间　　(d) 走廊端头处可充分利用采光面设置两套一室一厅套间

图5.4.19　特殊位置老人居室的处理手法示例

第4节　老人居室

老人居室的面积要求

5-4

老人居室面积的大小与建设成本、租赁金额和使用舒适度密切相关。

目前与老人居室面积相关的常用概念包括"卧室使用面积""套内使用面积"和"床均建筑面积"等（图5.4.20），在设计时应注意加以区分。一般情况下，建设标准和设计规范当中规定的多为卧室使用面积；在居住产品的策划、设计和营销阶段多使用套内使用面积；而在衡量养老设施建筑规模和建造成本时则主要使用床均建筑面积。更多与养老设施面积相关的概念参见3-3节。

▶ 老人居室的相关面积概念

卧室使用面积

指老人床位周边可用于家具摆放、无障碍通行和护理操作的空间面积（图5.4.20(a)），不包含卫生间、过道和固定储藏空间（如壁柜等）。

套内使用面积

指按结构墙体内表面尺寸计算的老人居室面积，包含卧室、起居室、餐厅、卫生间、过道、壁柜等，但不包含墙体、柱子、管井和风道。如图5.4.20(b)。

床均建筑面积

等于养老设施的总建筑面积除以总床位数，包含床均居室建筑面积和床均公共空间建筑面积。如图5.4.20(c)。

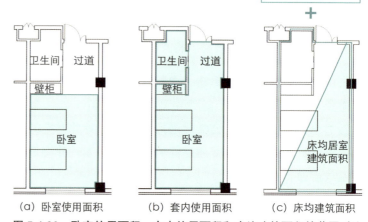

图5.4.20　卧室使用面积、套内使用面积和床均建筑面积的范围对比

▶ 老人居室的适宜面积

以单开间老人居室为例，其套内使用面积主要由卧室、过道、卫生间等部分的使用面积构成（图5.4.21），根据相关经验数值可进行如下估算：

① **卧室使用面积**：我国在养老设施建筑相关规范中规定单人卧室使用面积不宜小于10m²，双人卧室使用面积不宜小于16m²。

② **卫生间使用面积**：约为3~5m²。

③ **过道（含家具、橱柜）使用面积**：约为3~6m²。

根据我国目前的实践经验，将单人居室的套内使用面积控制在16~18m²、双人居室的套内使用面积控制在25~28m²是较为经济适用的。

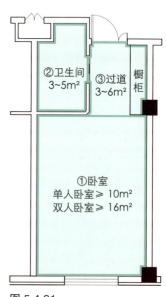

图5.4.21
老人居室的使用面积构成

老人居室的尺寸要求

在老人居室的设计当中，面宽和进深尺寸的确定主要需要从以下三个方面进行考虑：

轮椅和护理床的通行与回转要求　　老人的活动和护理员的操作要求　　必要家具的设置要求

▶ **老人居室的基本尺寸**

▷ 单人卧室示例

面宽方向净距 3100mm

床宽度 1000mm

床边轮椅回转直径 1500mm

家具带[1] 宽度 600mm

进深方向净距 3000mm

床长度 2000mm

书桌长度 900mm

窗帘存放空间 100mm

▷ 双人卧室示例

面宽方向净距 3400mm

床长度 2000mm

轮椅通行宽度 800mm

家具带宽度 600mm

进深方向净距 4700mm

床宽度 2000mm

床边操作宽度 600mm

床边轮椅回转直径 1500mm

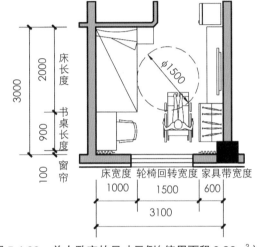

图 5.4.22　单人卧室的尺寸示例（使用面积 9.26m²）

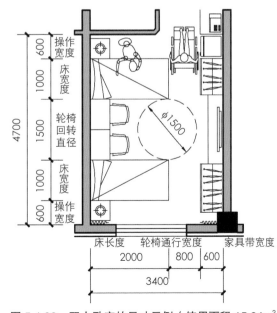

图 5.4.23　双人卧室的尺寸示例（使用面积 15.94m²）

▷ 卫生间和过道示例

面宽方向净距 3700mm

水池下方柜体后退距离 300mm

轮椅回转直径 1500mm

门洞宽度 1300mm

家具、橱柜宽度 600mm

进深方向净距 2750mm

坐便器及侧墙扶手深度 950mm

推拉门门洞宽度 900mm

淋浴区宽度 900mm

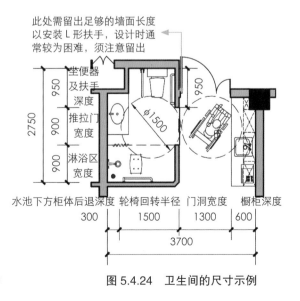

图 5.4.24　卫生间的尺寸示例

1　"家具带"指老人居室内沿墙连续设置衣柜、橱柜、电视柜等家具的空间。

第4节 老人居室

5-4 老人居室面宽的适宜尺寸

老人居室的面宽尺寸与使用需求、建筑结构的经济性以及土地利用效率等各项因素密切相关，虽然面宽大，舒适度会增加，但其他因素也须权衡考虑。

▶ 确定老人居室面宽尺寸时应该考虑的因素

① 居室空间的使用需求

居室面宽的尺寸应满足轮椅通行、家具摆放、老人活动和护理人员操作的空间需求，最为紧张的地方通常位于入口处。

② 建筑结构的经济性

养老设施面宽方向的结构跨度通常由居室的面宽决定，居室面宽越大，需要的结构跨度越大，造价也越高。同时，居室面宽还关系到地下停车位的经济性，按照每个车位宽度≥ 2400mm 的要求，不同面宽的房间与地下停车须考虑对位关系，如图 5.4.25 所示。

③ 土地的利用效率

在土地较为紧张的情况下，居室面宽影响着每层能够设置的房间数和床位数（图 5.4.26），进而影响土地的利用效率。

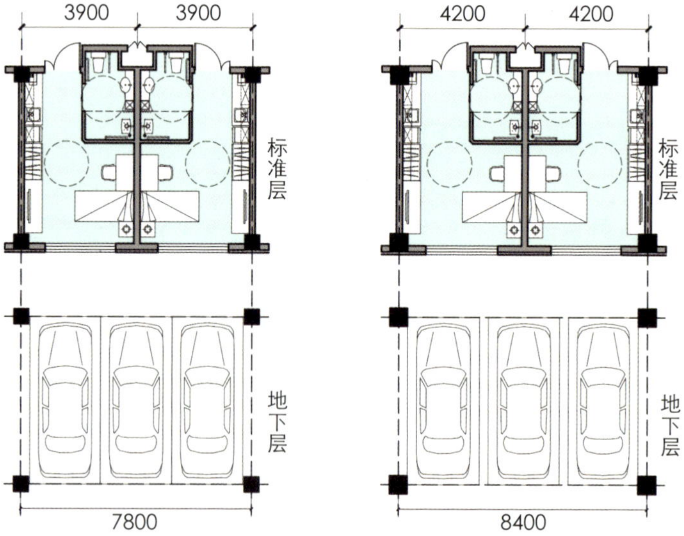

图 5.4.25 老人居室结构跨度与地下停车的对应关系

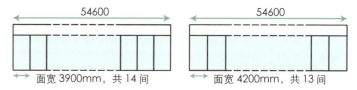

图 5.4.26 总面宽一定时，老人居室面宽对每层房间数量的影响

▶ 老人居室面宽的适宜尺寸范围

常用老人居室的面宽尺寸及其与家具布置的关系　　表 5.4.2

面宽 3300mm	面宽 3600mm	面宽 3900mm	面宽 4200mm	面宽 5400mm
空间较为狭小 电视墙面侧无法布置家具 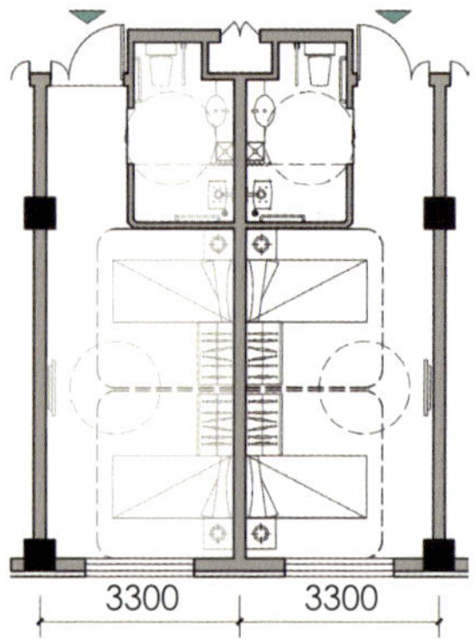	可局部设置储藏、布置家具 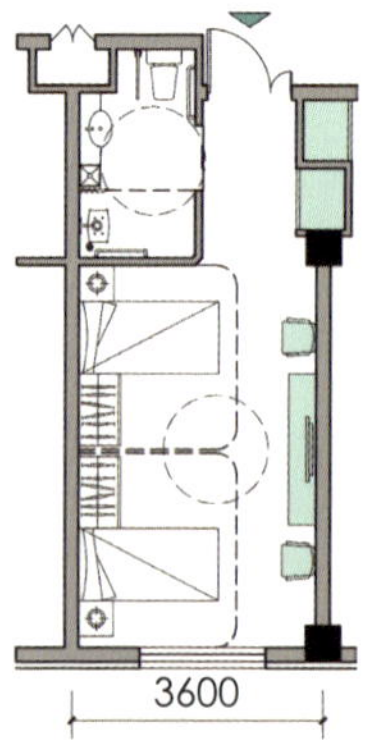	适合沿墙面设置 600mm 深的家具带 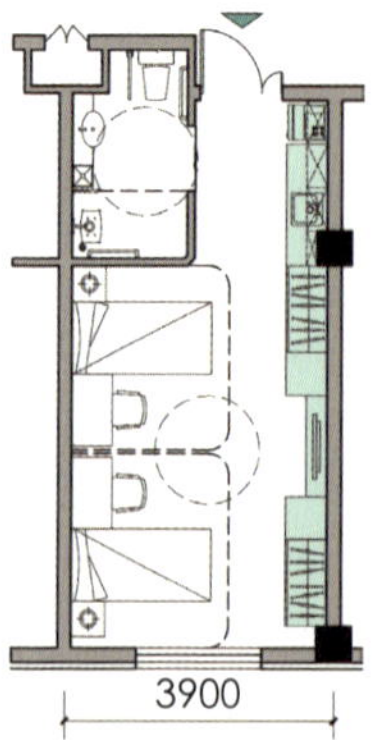	空间舒适度高 柱距适合设置地下车库 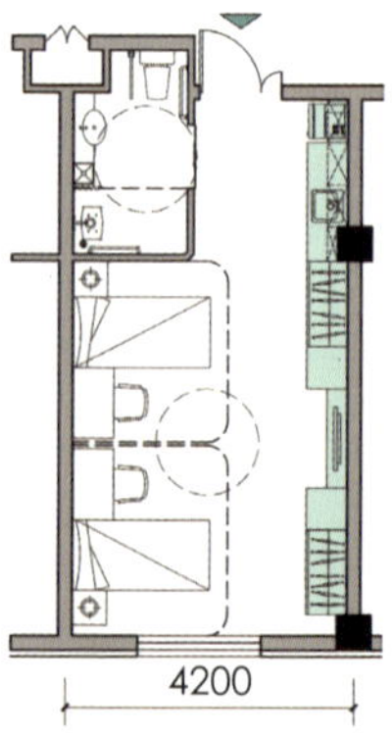	可设置餐起空间 用作套间居室 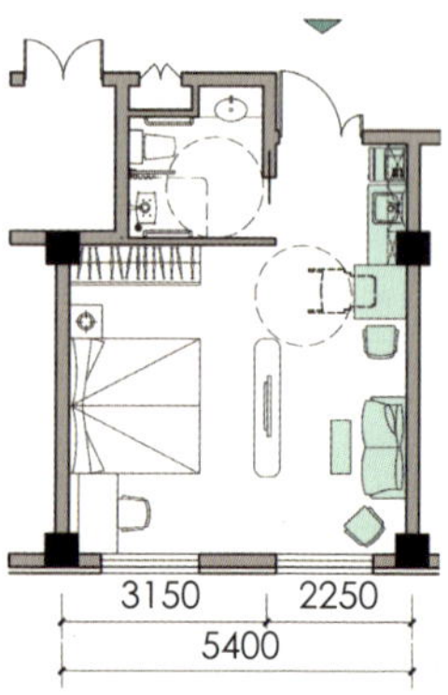

老人居室进深的适宜尺寸

当老人居室的面宽受到制约时，争取进深能够在一定程度上改善居室的使用功能。

▶ **确定老人居室进深尺寸时的注意事项**

① 加大居室进深有利于增加床位数量、设置护理操作空间、提供轮椅回转空间，空间更加充裕时还可增设家具，为老人提供更加丰富便利的生活条件。

② 居室进深过大，如超过 10m 时，其内部的自然通风采光效果较差，需要依赖设施设备来提高室内环境舒适度，会增加能源消耗。

③ 居室进深与柱网结构的布置密切相关，须考虑地下车辆通行和停放的便利性、梁高与管线设备布置的协调性。

④ 居室进深大小及其排布方式决定了建筑的整体进深，在同样容积率的情况下，进深大，土地利用效率也相对会提高。

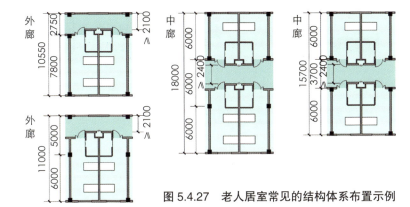

图 5.4.27　老人居室常见的结构体系布置示例

▶ **老人居室进深的适宜尺寸范围**

不同进深老人居室的平面布置特点　　　　　表 5.4.3

进深约 6000mm	进深约 8000mm	进深约 10000mm	进深约 12000mm
适合作为单人居室	具有较为广泛的适用性，既可以用做面积较大、功能较为齐全的单人间，又可以用做标准的双人居室	可布置为三人居室，也可布置为带有餐起功能的老年夫妇的居室	套内自然采光条件不佳，流线较长，如设在端部可通过侧墙开窗改善采光
20m² 单人居室	28m² 单人居室 ／ 28m² 双人居室	38m² 三人居室	45m² 夫妇居室（含阳台）

第4节 老人居室

老人居室的功能配置

▶ **老人居室的主要功能构成**

老人居室的功能可划分为基础功能和扩展功能。其中，基础功能是老人日常生活当中必不可少的，主要满足老人的生理卫生和日常生活需求；扩展功能则更加注重满足休闲娱乐等精神层面的需求，健康自理老人往往更需要这类功能。

图 5.4.28　老人居室的基础功能和扩展功能[1]

▶ **老人居室的功能配置要点**

▷ **尽量设置独立卫生间**

随着老年人对居住品质要求的提高，建议为每个老人居室配置独立卫生间。护理程度较高的长期卧床老人使用卫生间的频率相对较低，为了提高空间的利用效率，同时节约造价，在这类老人居室当中，也可适当考虑通过合用的方式减少卫生间的数量。

▷ **视情况配置卫生间的功能**

老人居室卫生间内的淋浴设备可视老人的健康状况进行配置，一般自理老人居室都需要配置，护理老人居室则可视空间大小而定或改为设置污物池。此外，有条件还可预留洗衣机位。

▷ **留出充足的储藏空间**

养老设施当中的老人一般为长期居住，通常希望携带较多的衣物和生活用品，因此在设计当中应考虑为其留出充足的空间放置储物家具、存放多类物品。

▷ **根据老人的健康情况配置厨房**

一些入住养老设施的自理老人大多希望保持原有的居家生活状态，因此希望在居室当中配置小厨房，满足一些简易的烹饪料理需求。如果老人的自理能力出现衰退，需要接受护理时，原有的小厨房也可为家属和护理人员提供洗涤和置物台面，便于就近展开护理操作。

▷ **建议考虑配置阳台**

阳台空间对于自理老人尤为重要，在满足洗衣晾晒需求的同时，还能够为晒太阳、养花等活动提供场所，因此有条件时应考虑配置。北方可设计为封闭阳台，南方如设计为开放阳台，应注意保证护栏高度并采取适当的安全措施。

---

[1] 养老设施中，非自理老人大多在组团餐厅或公共餐厅中用餐，起居活动也更多在公共活动空间中进行，因此把用餐和起居作为老人居室的扩展功能而非基础功能。

第五章 居住空间设计

老人居室的平面布置

▶ **老人居室的平面布置分析**

卫生间

自理老人卫生间一般设置坐便器、洗手池和淋浴器三件套。护理老人身体较为虚弱，无法独立洗浴，可到公共浴室由护理人员协助洗浴，因此居室内可不设淋浴。

卧室区

卧室区应设置床、床头柜、书桌、椅子和坐凳。其中，床应根据老人的身体状况选择设置普通床或护理床，并在床头设置紧急呼叫器。此外，两人以上的居室还须考虑围绕床位设置帘子，以保证私密性。

阳台

老人居室的阳台应设置晾衣竿，以满足衣物晾晒的需求。此外，还可考虑在阳台上设置洗衣机和水池，使洗衣晾晒空间联系更为近便，同时方便浇花用水。

餐起活动空间

在养老设施当中，老人的用餐、交流、休闲娱乐等活动主要在居室外的公共活动空间进行，因此在老人居室面积有限的情况下，可不必设置餐起活动空间。

入户空间

入户门应采用子母门，门口可设置置物台，供老人临时放置物品或进行个性化布置。

厨房

可根据居室面积和老人健康状况进行配置。针对护理程度较高的老人，可配置较为简易的厨房，设橱柜、冰箱、水池和电水壶。针对自理老人可配置功能更为综合的厨房，增设微波炉和电磁炉。

储藏空间

老人居室内可沿床位对侧的完整墙面布置家具，如橱柜、冰箱、衣柜、电视柜、书架等，满足老人的各类储藏和生活需求。

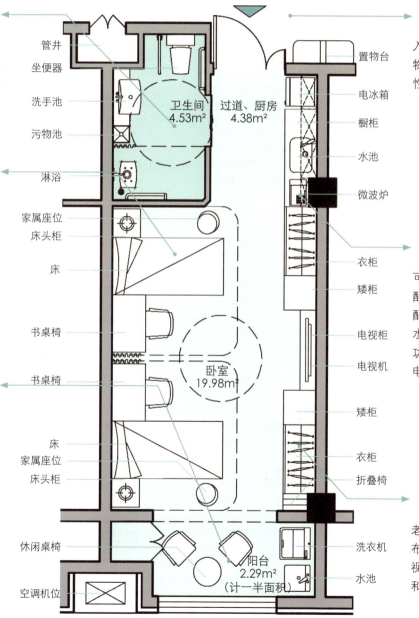

图 5.4.29 老人居室的平面布置

173

第4节　老人居室

单人居室的设计

单人居室对于保护老人的私密性、营造个性化居住环境和提高居住品质都十分有利。在一些发达国家的养老设施当中，单人居室目前已经成为一种主流形式，我国现阶段由于经济条件等方面的原因，单人居室尚未大量出现，但随着生活水平的提高，也会出现这种趋势，需要我们在建筑设计当中给予充分的考虑，做好相应的准备。

▶ 单人居室的适用人群

单人居室主要面向单独入住养老设施，或对私密性要求较高的老人。调查显示，出生于1949年后五六十年代的老人将更倾向居住单人居室。由于单人居室收费通常较高，因此对老人的支付能力也有一定要求。

▶ 单人居室的设计要点

▷ 为老人的个性化布置留有余地

- 要考虑为老人自带家具和自主布置居室空间留有余地（图5.4.31）
- 尽量避免设置固定家具，以方便维修更换。
- 同时注意留足插座点位，以满足不同布置方式下各种电器的用电需求。

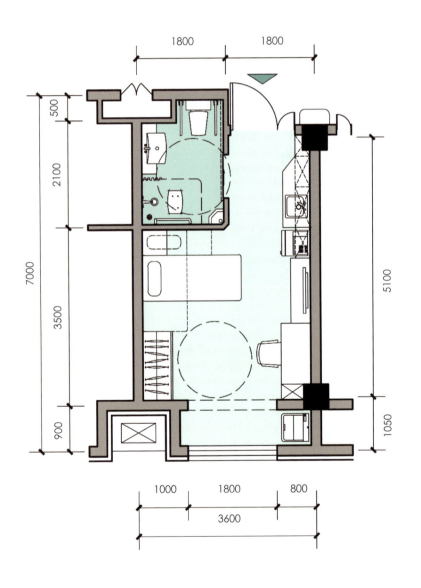

图5.4.30　单人居室的典型平面案例

图5.4.31　瑞典某养老设施允许老人自带家具，通过个性化的布置，营造老人熟悉的家庭氛围

第五章 居住空间设计

▶ 单人居室设计示例

通常情况下，单人居室面宽宜控制在 3000~3600mm，进深宜控制在 5000~6600mm，室内家具及设备的布置应根据老人的健康状况而定。

▷ 自理型单人居室

卫生间通常设置洗手池、坐便器和淋浴器。

厨房通常配置橱柜、水池、电磁炉、冰箱等，可满足简单的烹饪需求。

（a）自理型单人居室平面示例

▷ 护理型单人居室

面积较为紧张时，卫生间内可不设淋浴器。

可设置简易操作台，加设冰箱等电器设备。

（b）护理型单人居室平面示例

▷ 窄面宽的护理型单人居室

在面宽有限的情况下，通过将水池设置在居室空间，可缩小卫生间面积、增大通行宽度。

（c）窄面宽的护理型单人居室平面示例

▷ 卫生间设置在外部的护理型单人居室

失智老人在无人看护的情况下独立使用卫生间存在一定的安全隐患，因此在设计中可考虑将卫生间设置在居室外部，以方便护理人员照护、管理和清洁。

（d）卫生间设置在外部的护理型单人居室平面示例

图 5.4.32　单人居室典型平面示例

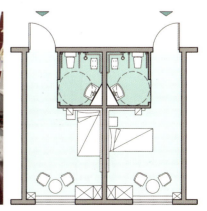

图 5.4.33　德国某养老设施单人居室的设计实例

175

第4节　老人居室

双人居室的设计

5-4

▶ 双人居室的适用人群

双人居室在我国目前的养老设施当中较为常见，适合夫妇、亲友或性格相宜的老人结伴居住。但实际使用当中，也存在此前互不相识的陌生人共同居住的情况。

▶ 双人居室的设计要点

▷ 注重居住空间的公平性

养老设施当中的双人居室大多是按照床位进行租住的，当双人居室不由夫妇一家人居住时，在设计中就应注意家具、设施设备和使用空间的公平配置。尽量明确划分个人领域，避免相互干扰。

双人居室中须考虑两人分设和共用的家具设备　　表5.4.4

家具设备类型	护理床	床头柜	书桌椅	衣柜	照明灯具	电源插座	电视	冰箱	橱柜	卫生洁具	其他
分设	✓	✓	✓	✓	✓						
共用						✓	✓	✓	✓		

▷ 减少老人之间的相互干扰

同室居住的两位老人可能会在性格、生活习惯等方面存在一定的差异，长期一起生活会对彼此造成一定影响，需要在设计当中加以应对。具体做法包括设置帘子划分出每位老人的私密空间、设置独立控制的照明灯具等，尽量做到减少相互干扰。

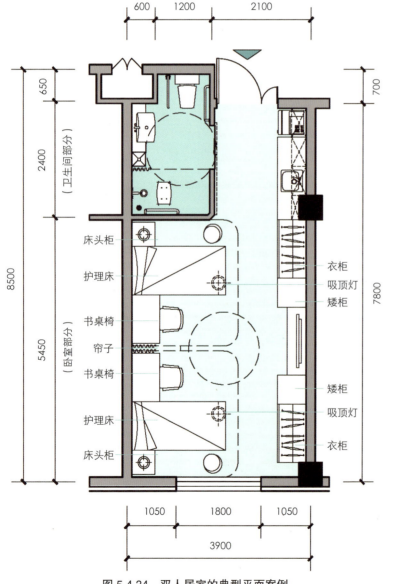

图 5.4.34　双人居室的典型平面案例

> **TIPS　双人居室设计应合理控制进深**
>
> 由于双人居室设计强调公平性，一些家具设备需要配置双套，这一需求可通过加大居室进深来满足。但须注意居室进深也不宜过大，否则会影响到其内侧的自然采光效果。一般情况下，双人居室的总进深不宜超过9000mm，卧室部分进深则应控制在6000mm以内。

双人居室的设计示例

大面宽小进深的双人居室

当居室面宽较大、进深较小时，可将床位沿两侧墙面进行布置，房间中央留出充足的空间供轮椅回转和护理人员操作，从而提高空间的利用效率，但对于需要从床两侧进行护理服务的老人较为不利。在这样的居室布置当中，同样需要关注两位老人的公平性，减少相互干扰。

双人居室改作单人居室

我国近年来新建的养老设施当中，居室类型多以双人间为主，但随着老人对居住生活品质要求的提高，目前的双人间在未来很有可能作为单人间使用，因此要在设计中预留好弹性，例如减去一张床后可加入餐桌、沙发、书桌等家具。注意检查插座点位等的适应性，满足不同布置方式下的使用需求。

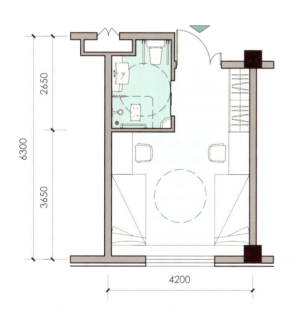

图 5.4.35　进深较小的双人居室可靠墙布置老人床位

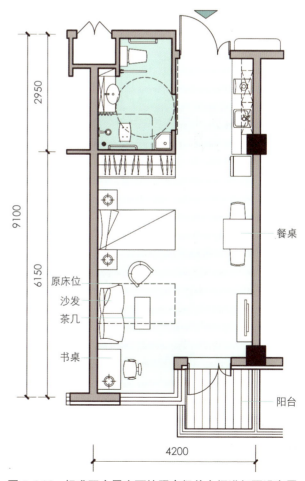

图 5.4.36　标准双人居室可按照高级单人间进行预设布置

第4节　老人居室

双拼居室的设计

双拼居室指的是在一套居室当中两位老人卧室分开,厨房和卫生间共用的居室类型。

▶ 双拼居室的适用人群

双拼居室主要适合结伴入住设施的老年夫妇或关系亲密的一对老人,特别是一个身体稍好、另一个需要照护的状况。两位老人可分别拥有独立的卧室,而共用厨房、卫生间,既保证了私密性,避免了相互打扰,又能增进老人间的交流、营造良好的居家氛围,而且还能节约一定的面积。

▶ 双拼居室的设计要点

▷ 注意节约面宽

由于双拼居室只需要设置一套共用的厨房和卫生间,因此在设置两间卧室时,居室面宽的变化对厨卫空间的使用影响不大。为了实现较高的性价比,可适当压缩卧室面宽,从而合理控制居室面积,使其租金更易于老人接受。

▷ 节约出的面积可用作公共部分

相比于两个独立的单人居室,双拼居室在临近走廊的部位往往能够节省出 4~5m² 的面积,可用做公共卫生间或储藏间,以补充公共辅助服务空间。

> **TIPS　双拼居室可用作亲情居室**
>
> 在节假日时,双拼居室可供老人与前来探望的子女短暂居住,共享团聚之乐,感受家庭亲情。

图 5.4.37　双拼居室的典型案例

双拼居室的设计示例

走廊端头处双拼居室的设计示例

位于走廊端头的房间可通过以下方式设计为双拼居室。此外，借助端头的采光面可增设带有自然通风采光的餐起空间。

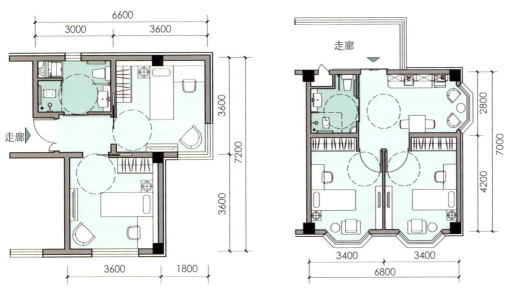

图 5.4.38 位于走廊端头处的双拼居室设计示例

预留灵活改造的可能性

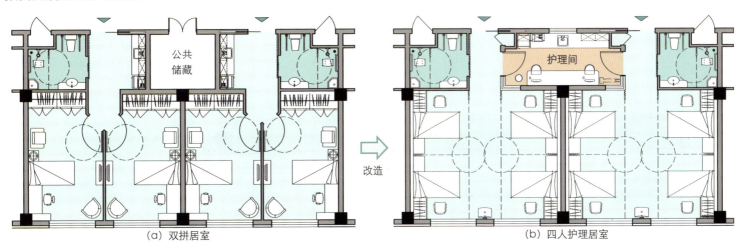

(a) 双拼居室　　　　　　　　　　　　　(b) 四人护理居室

图 5.4.39 双拼居室与四人护理间可实现灵活改造，以适应不同时期入住者的需求

第4节 老人居室

多人护理间的设计

▶ 多人护理间的适用人群

在我国，多人护理间主要指设有 4~6 张床位的老人居室，主要适合于照料护理要求高、行动不便的失能老人。

将老人集中起来进行照护，虽然私密性较差，但护理人员的服务动线较短，有利于提高服务效率，可让老人得到更加及时周到的护理服务。在一些情况下，这样做也是有必要的。

▶ 多人护理间的设计要点

▷ 注意节约人力，提高服务效率

对于卧床和不能自理的老人，在岗护理人员与老人的比例控制在 1∶6~1∶4 是较为合理的。设计时可在两个多人间中间设置相互连通的护理间，方便护理人员同时兼顾两个房间当中的老人，提高服务效率，节约人力。

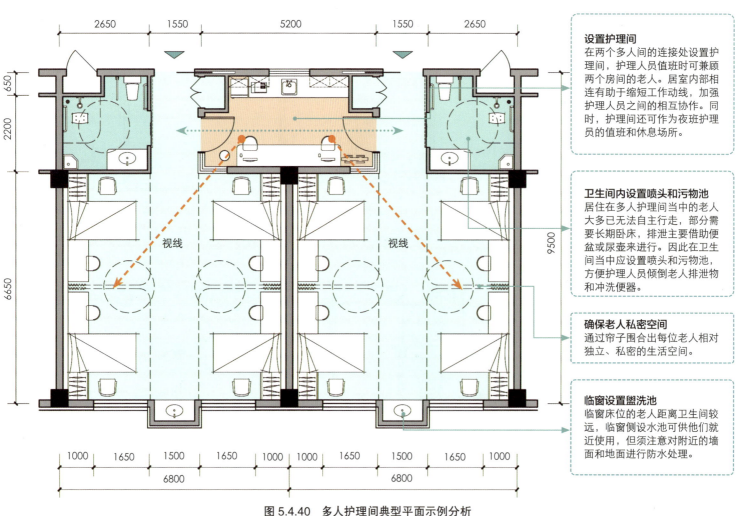

设置护理间
在两个多人间的连接处设置护理间，护理人员值班时可兼顾两个房间的老人。居室内部相连有助于缩短工作动线，加强护理人员之间的相互协作。同时，护理间还可作为夜班护理员的值班和休息场所。

卫生间内设置喷头和污物池
居住在多人护理间当中的老人大多已无法自主行走，部分需要长期卧床，排泄主要借助便盆或尿壶来进行。因此在卫生间当中应设置喷头和污物池，方便护理人员倾倒老人排泄物和冲洗便器。

确保老人私密空间
通过帘子围合出每位老人相对独立、私密的生活空间。

临窗设置盥洗池
临窗床位的老人距离卫生间较远，临窗侧设水池可供他们就近使用，但须注意对附近的墙面和地面进行防水处理。

图 5.4.40 多人护理间典型平面示例分析

▶ 多人护理间设计实例

▷ 日本实例

下图所示实例在 4 人间中创造了单人化的居住感受，为每位老人提供了有独立自然通风采光条件的个人居住空间。

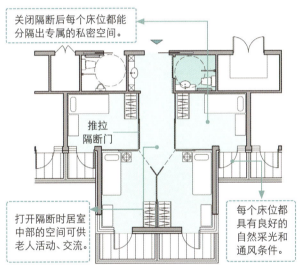

图 5.4.41　日本某养老设施的多人护理间[1]

▷ 德国实例

下图所示实例虽然床位数量较多，但仍努力照顾到了个人居住空间的私密性和相对独立性，并且还为老人提供了公共的起居角，在小范围内营造家庭般的居住感受。

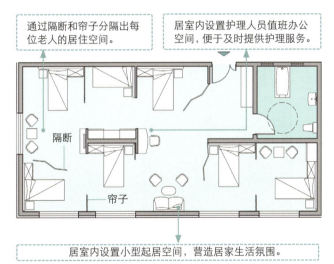

图 5.4.42　德国某养老设施的多人护理间[2]

1　图片来自株式会社公共设计网站：http://www.kokyosekkei.com/inasa.html
2　图片由 Peter Schmieg 教授（德国）提供。

第4节　老人居室

套间居室的设计

5-4

▶ 套间居室的适用人群

套间居室与住宅中的一室一厅较为类似，卧室和餐起空间分开布置，可配置较多的家具和设备，更适合身体较为健康、自理能力较强的老人居住。

▶ 套间居室的设计要点

▷ 配置"小起居，大卧室"

与一般住宅的设计有所不同，在套间居室设计中我们更加提倡"小起居，大卧室"的面积分配方式。原因在于养老设施当中通常设有较为丰富的公共起居和公共活动空间，老人的起居活动需求已经能够在公共区域得到很好的满足，养老设施大多也鼓励老人能够更多参与公共活动、与他人交流，因此房间中起居室的面积不必太大。而卧室设计由于涉及护理人员照护服务、老人分床就寝等使用需求，对空间要求较高，因此在面积有限的情况下，应优先保证卧室面积充足（图5.4.44）。

▷ 合理控制面积

套间居室面积通常较大，设计时应注意满足防火规范中对于房间建筑面积和疏散门数量的要求。

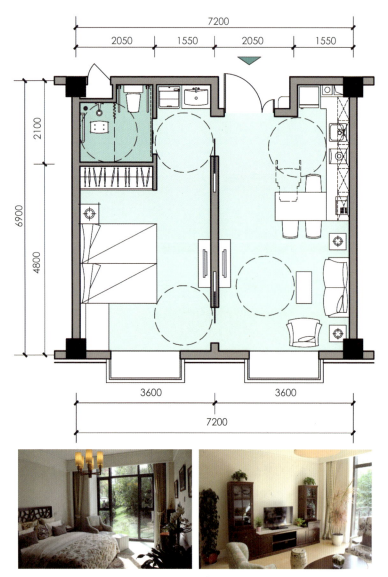

图 5.4.43　一居室套间的典型案例

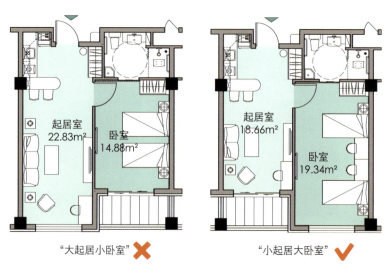

图 5.4.44　套间起居室和卧室的面积分配比较

第五章　居住空间设计

▶ **套间居室的设计示例**

图 5.4.45　老人居室套间的设计示例

TIPS　在套间中采用"分区不分室"的设计,有助于提高套间居室的空间灵活性

下图所示的是瑞典某养老设施的居室实例。该居室采用了开敞式大开间,除卫生间外不做任何固定隔断,也不划分房间,老人可根据个性化需求灵活自主地划分功能区,不仅提高了空间利用效率,也为居室布置提供了丰富的可能性。

图 5.4.46　瑞典某养老设施的套间居室实例

第4节 老人居室

失智老人居室的设计

患有失智症的老人在记忆、语言、行为、认知等方面存在不同程度的障碍，为了尽可能减少这种障碍给老人生活和护理服务带来的不便，失智老人居室的设计要求较为特殊，需要我们给予特别的关注。此外，一些养老设施为了给失智老人提供更加专业的照护服务，设置了专门的失智组团，详见5-1节相关内容。

▶ 失智老人居室的设计要点

▷ 卫生间可不设淋浴、注重视觉引导

大部分失智老人需要在护理员看护或协助下洗浴，为保证安全，失智老人的居室内可不设淋浴。为了帮助老人自主如厕，失智老人居室内的卫生间设计应加强视线引导。可通过合理布置老人床位和卫生间的相对位置，使老人在卧床状态下直接看到卫生间坐便器的位置，以避免老人因找不到卫生间而造成失禁或产生焦虑情绪。

▷ 兼顾私密性与看护的需求

失智老人居室的设计既要照顾到老人的私密性，又应为护理人员密切关注老人的状况创造条件，使得护理人员在经过老人居室门口时能够比较容易地观察到老人的活动，同时又不会引起老人的注意，例如在房门上设计高度适宜的小型观察窗。

▷ 家具陈设突出个人特征

除了允许老人自带部分家具之外，还可在居室门口和房间内部设置相框、置物架、展示橱窗等家具部品，供老人布置具有纪念意义的个人物品，便于他们通过一些显著的特征识别出自己的房间和周边的环境。

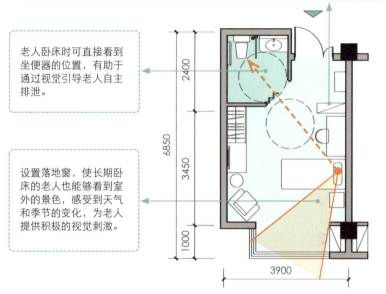

图 5.4.47 失智老人居室的视线分析

图 5.4.48 居室门口设置个人展示橱窗，便于老人识别

▸ 消除安全隐患

由于失智老人认知能力有所下降，对环境中存在的危险因素敏感性降低，失智老人居室的设计应注意消除潜在安全隐患。

例如，失智老人居室的外窗建议采用下悬或限位平开的形式，或在窗外设置隐形防护网，以防老人意外跌落。电源插座、配电箱、管道井等设施设备应设置在老人不易触碰的位置，或通过隐蔽设计、上锁等方式避免老人发现和触碰，以防老人玩弄、操作不当造成安全事故。

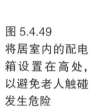

图 5.4.49
将居室内的配电箱设置在高处，以避免老人触碰发生危险

▶ 失智老人居室设计示例

（a）单人居室

可将储藏空间设置在相对隐蔽的位置，或由护理人员代为管理，以避免老人频繁取放物品造成混乱。

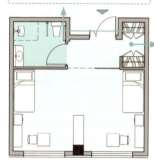

（b）双人居室

图 5.4.50　失智老人居室的设计示例[1]

TIPS　通过鲜明的色彩对比加强空间提示性

一些失智老人在空间方位的识别方面存在一定的障碍，例如无法准确找到坐便器的位置、分不清床头床尾等。实践经验表明，在失智老人居室的设计当中，通过墙面及家具色彩的鲜明对比能够有效加强重点空间的提示性，有助于失智老人更好地识别和使用居室空间。

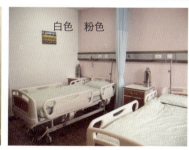

图 5.4.51　通过鲜明的色彩对比强调居室的重点位置

坐便器后通过深色瓷砖加强对比

床头墙面采用粉色涂料，与周边的白色墙面构成对比，以示区别

1　图片（a）改绘自：American Institute of Architects. AIA Design for Aging Review 3 [M].Australia: Images, 2006.

第4节　老人居室

老人居室的卫生间设计

5-4

卫生间是老人居室的重要组成部分，是老人日常进行盥洗、如厕、洗浴等活动的必要空间。老人居室卫生间的形式与位置通常和养老设施的档次定位、所在地区的气候环境、老人的身体条件和护理模式等因素密切相关。

▶ **老人居室卫生间的形式与位置**

根据设施档次的不同，老人居室卫生间可划分为独立卫生间和共用卫生间，常见形式和位置如下：

▷ **独立卫生间**

（a）靠入口过道设置　是老人居室卫生间的主要形式。将卫生间设于内侧，有助于形成更加完整、采光更好的卧室空间。但由于此类卫生间常为暗卫，须注意解决好排风的问题。

（b）靠外墙设置　多用于重视通风防潮的南方地区，且更多出现在护理程度较高的设施当中。卫生间靠外墙设置，使居室入口处的视野更加开阔，便于护理人员观察失能、失智老人在房间中的状况；同时，卫生间实现自然通风有助于消除异味，抑制病菌滋生。由于卫生间占用采光面，为避免卧室的自然光线过暗，居室面宽不宜过小。

(a) 靠走廊设置　　(b) 靠外墙设置　　(c) 在中部设置

图 5.4.52　独立卫生间在老人居室中的位置

（c）在中部设置　此种形式更多出现在面向健康自理老人的设施中。通过中部的卫生间划分动静分区，实现居寝分离。受卫生间垂直管线影响，这类居室空间在后期改造方面灵活度相对较差。

▷ **共用卫生间**

（a）设在居室内　相邻的两个居室设置一套卫生间，通过双向开门实现共用，有助于提高空间和设施的利用效率，但须注意配置适宜的门锁类型。

（b）设在居室外　适合需要在他人照护下使用卫生间的失能和失智老人。可供在相邻居室中居住或在附近公共空间活动的老人使用。须注意各居室到卫生间的距离要均等、近便，并沿途设置连续扶手。

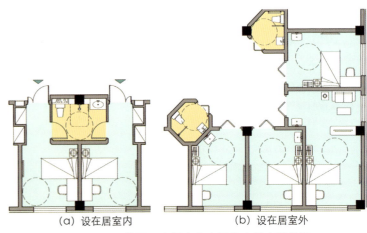

(a) 设在居室内　　(b) 设在居室外

图 5.4.53　共用卫生间在老人居住空间中的位置

老人居室卫生间的平面形式

老人居室卫生间的平面形式受到居室整体面宽、卫生洁具配置和辅具设备使用等因素的影响,设计时的难点主要集中在内部的轮椅回转,以及门的大小、开启方式和方向,须结合实际状况和使用需求灵活应对。下面举出四个常见的老人居室卫生间平面示例,并就其限制因素和应对策略进行分析。

▶ **老人居室卫生间的平面示例**

标准面宽老人居室三件套卫生间的平面布置

一般情况下,当单开间老人居室面宽达到 3600mm 时,卫生间内能够实现轮椅回转。

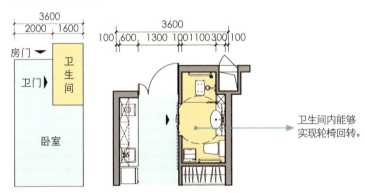

图 5.4.54 标准面宽老人居室卫生间的平面设计应对策略

窄面宽老人居室三件套卫生间的平面布置

当老人居室面宽较窄时,可设置长条形卫生间,通过双扇推拉门实现两侧进出,借助走廊实现轮椅回转。

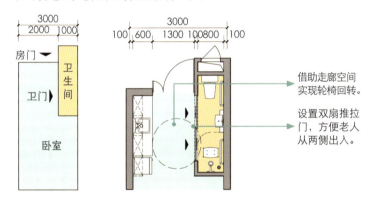

图 5.4.55 窄面宽老人居室卫生间的平面设计应对策略

失能/失智老人居室卫生间的平面布置

为保证安全,失能/失智老人的卫生间内可不设淋浴装置,通过将水池设于卫生间外、采用角部推拉门等方式,可在节约面积、提高空间利用效率的同时,满足轮椅通行与回转需求,并为护理人员的操作提供便利。

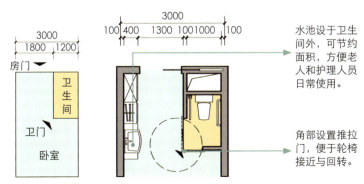

图 5.4.56 失能/失智老人居室卫生间的平面设计应对策略

设置吊轨的老人居室卫生间的平面布置

在失能老人的居室当中,有条件时也可设置吊轨来辅助老人完成移动,减轻护理人员的工作负担。为了满足吊轨的使用需求,卫生间设计须采取以下的应对策略。

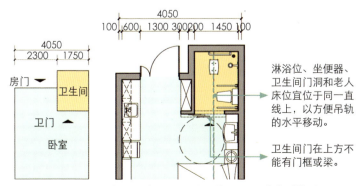

图 5.4.57 设置吊轨的老人居室卫生间的平面设计应对策略

第4节 老人居室

老人居室卫生间的设计要点

▶ 正确认识卫生间的适老化设计目标

目前一些设计师在设计老人卫生间时容易把适老化设计理解为仅是设置轮椅的回转空间，而实际上，卫生间适老化设计的目标并不是实现轮椅转圈本身，而是要便于老人完成如厕、洗浴等动作，同时为护理人员提供充足的操作空间。因此，对于设计者而言，充分理解使用者的动作及其空间需求是十分重要的。

▶ 可通过精细化的设计提高空间利用效率

下图以日本TOTO公司针对小型单人居室设计的卫生间产品为例，对其中提高空间利用效率的具体措施进行简要分析。

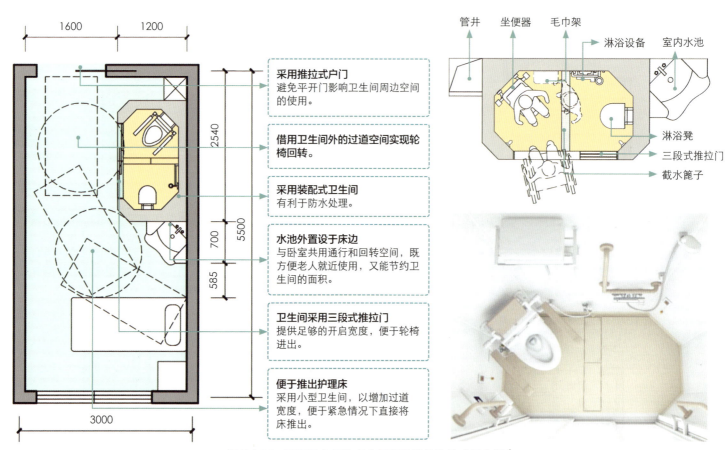

采用推拉式户门
避免平开门影响卫生间周边空间的使用。

借用卫生间外的过道空间实现轮椅回转。

采用装配式卫生间
有利于防水处理。

水池外置设于床边
与卧室共用通行和回转空间，既方便老人就近使用，又能节约卫生间的面积。

卫生间采用三段式推拉门
提供足够的开启宽度，便于轮椅进出。

便于推出护理床
采用小型卫生间，以增加过道宽度，便于紧急情况下直接将床推出。

图 5.4.58　TOTO公司为老人居室设计的集约式卫生间[1]

---

[1] 资料来源：日本TOTO公司产品册力ウンターカタログ No.107.

卫生间设计宜事先留出改造的可能性

调研中发现，当入住老人的身体状况从自理转变为护理时，特别需要对卫生间进行改造。自理老人使用的卫生间通常设置洗手池、坐便器和淋浴器，而护理老人使用的卫生间可不设淋浴间而增设污物池，并满足轮椅回转和护理人员辅助操作的空间需求，因此在设计中须考虑留出改造的可能性。除了承重结构之外，垂直贯通的管线也是限制老人居室卫生间改造的重要因素之一，设计时须谨慎选择坐便器和管井的位置。

坐便器位置的选择要点

受到下水管预留孔洞位置的限制，养老设施一旦建成，下排水的坐便器位置将难以改变。因此坐便器应尽量靠近承重墙和居室外侧设置，以免后期影响内部隔墙的改造。

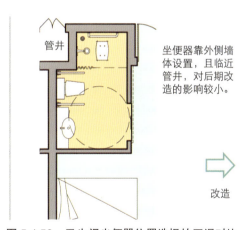

图 5.4.59　卫生间坐便器位置选择的正误对比

管井位置的选择要点

一般情况下，养老设施各层的卫生间管井是上下贯通的，建成后位置将难以改变，因此卫生间管井应尽量靠走廊设置，以便实现居室内部空间的灵活分隔，同时方便管线设备的检修。不宜将管井设置在居室中部，也不宜将其布置在距离用水点过远的位置，以免形成空间阻隔，妨碍今后的改造。

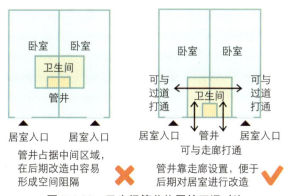

图 5.4.60　卫生间管井位置的正误对比

第4节　老人居室

5-4

老人居室卫生间的改造设计示例

▶ 老人居室卫生间的改造设计

对老人居室卫生间的改造大致可分为两类：一是当辅助空间不足时，将居室卫生间改造为其他的辅助服务空间；二是当老人居室改造为公共空间时，将居室卫生间用作公共卫生间。下面以图5.4.61所示的老人居室卫生间为例，给出几个改造示例供参考。

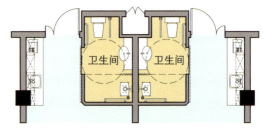

图 5.4.61　改造前的老人居室卫生间平面图

▷ 改造为污物处理室

图 5.4.62　将相邻的两个卫生间之一改造为污物处理室

▷ 改造为公共浴室

图 5.4.63　将相邻的两个卫生间改造为附设卫生间的公共浴室

▷ 改造为多人护理间中的护理员值班室

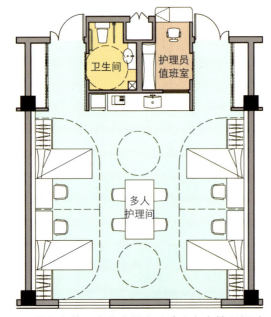

图 5.4.64　将相邻的两个老人居室改造为多人护理间时，可将其中一个居室内的卫生间改造为护理员值班室

▷ 改造为公共餐起空间的公共卫生间和备餐区

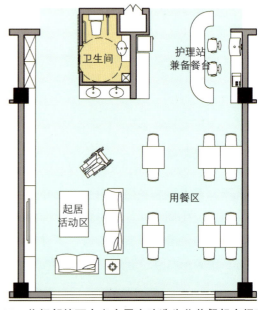

图 5.4.65　将相邻的两个老人居室改造为公共餐起空间时，可将居室内的卫生间改造为公共卫生间和备餐区

老人居室卫生间的细节设计①

老人居室卫生间在细节设计上应考虑老年人的特殊需求。常见的老人居室卫生间可划分为如厕区、盥洗区和淋浴区三部分，下面就结合设计示例分别对这三个分区的细节设计要点进行分析。

▶ 如厕区的细节设计要点

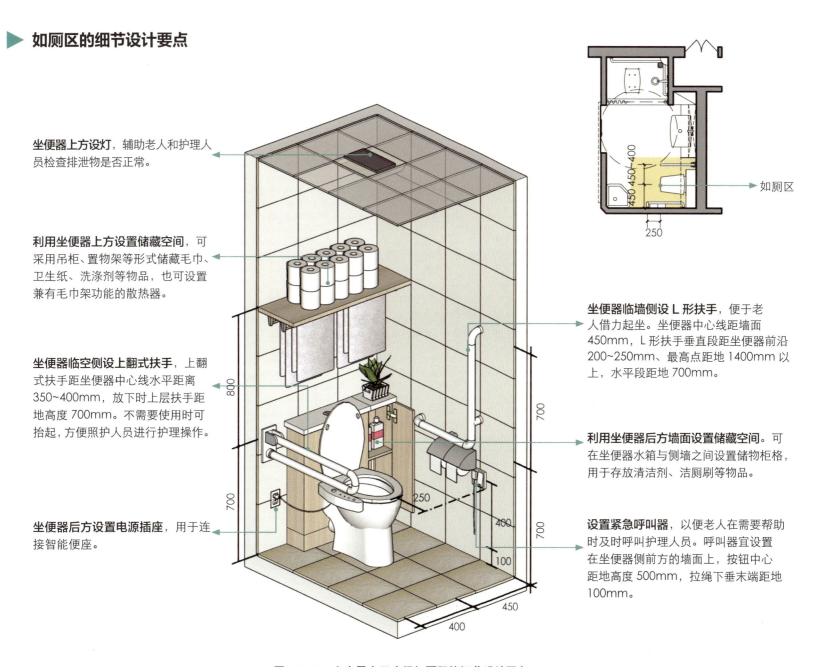

图 5.4.66　老人居室卫生间如厕区的细节设计要点

第4节 老人居室

老人居室卫生间的细节设计②

5-4

▶ **盥洗区的细节设计要点**

卫生间主灯须保证足够的照度，以照亮全室。通常采用吸顶灯的形式。

尽量设置镜箱和储物柜格，方便老人储藏牙具、护肤品等洗漱用具。

就近设置毛巾钩，方便老人取用毛巾，避免手上的水滴到地上，造成地面湿滑，带来安全隐患。

镜子不宜过高，以方便使用轮椅的老人能够在镜子中看到自己完整的面容。一般镜子下沿与地面的距离控制在 1100~1200mm 为宜。

洗手池周边留出充足的台面，供老人放置常用的洗漱用品。对于使用轮椅的老人来说，从高处取放物品较为困难，因此台面显得更为重要。

设置镜前灯，一般距地 2000mm 左右，以消除顶光产生的面部阴影，方便老人看清面部。注意设置灯罩，以防止灯光晃眼。

洗手池旁应设有防水插座，方便老人使用剃须刀、电吹风等小家电。

洗手池下部留空，以便于使用轮椅的老人接近和使用。水池下方的净高不宜小于 650mm，可采用浅水池方便轮椅老人的腿部插入。

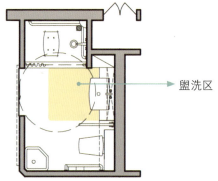
盥洗区

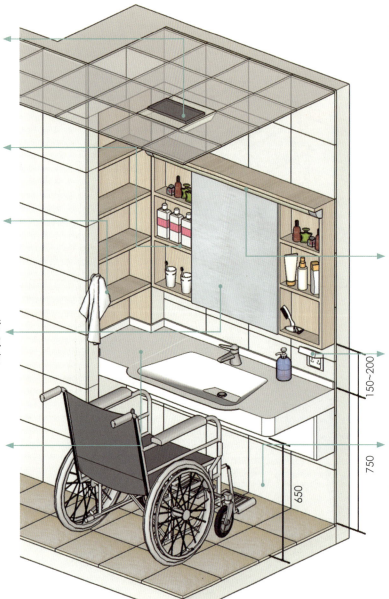

图 5.4.67 老人居室卫生间盥洗区的细节设计要点

第五章 居住空间设计

老人居室卫生间的细节设计③

▶ 淋浴区的细节设计要点

淋浴区应设置带有加热、排风和照明功能的浴霸，在老人洗浴时和入浴前后加热室内温度，避免老人着凉；及时排走室内潮气，以免给老人带来憋闷感。

设置浴帘，既能够防止水流外溅，又不影响护理人员的辅助操作。

设置置物台，供老人放置洗浴用品和冲脚时蹬脚使用。置物台的尺寸以 400~450mm 高、100~150mm 深为宜。

沿淋浴区墙面设置扶手，供老人在洗浴区移动时扶握，以确保安全。横向扶手距地高度为 700mm，纵向扶手顶端距地高度不应小于 1400mm。

设置浴凳，供老人坐姿洗浴。

淋浴喷头高度可调，能够分别满足坐姿和站姿时的淋浴需求。

设置紧急呼叫器，其面板应设置在淋浴区附近不易被水淋湿的位置，同时须注意避免误碰。按钮中心距地高度 800mm，拉绳下垂末端距地 100mm。

地漏应设置在淋浴区内侧角落，使洗浴时的积水向内侧排放。

排水口处的篦子可设计为小块，以便于打扫。

建议在淋浴区外侧设置截水篦子，以防止积水外溢至相邻的其他区域，带来安全隐患。截水篦子宜选用强度高、重量轻、易取下进行清理的材质和形式。

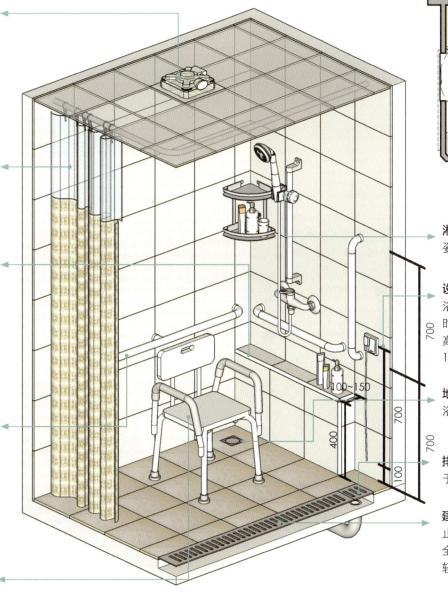

图 5.4.68　老人居室卫生间淋浴区的细节设计要点

第4节　老人居室

老人居室厨房的设计

5-4

在老人居室当中设置厨房有助于延续老人的自立生活，营造居家氛围，无论在身体层面还是精神层面上都具有非常积极的意义，因此有条件时应尽量为老人居室配置厨房或备餐台。

▶ 老人居室厨房的基本功能和常用设备

老人居室厨房的基本功能包括洗涮、烧水、热饭、储藏等，有条件时还可配置烹饪功能。其中设施设备的配置可根据空间大小、老人的身体状况等因素按以下优先顺序考虑。

①操作台　　②水池　　③电热水壶　　④冰箱　　⑤微波炉　　⑥电磁炉　　⑦油烟机

▶ 老人居室厨房的形式和特点

老人居室厨房的常见形式可划分为简易厨房、开敞式厨房、独立式厨房三类，其主要特点见下表。

老人居室厨房的常见形式及其特点　　　　　表 5.4.5

类型	简易厨房	开敞式厨房	独立式厨房
平面示例			
照片示例			
主要特点	通常设置在单开间的老人居室当中。一般位于居室入口过道的一侧或卧室与卫生间之间的隔墙内侧，配置简易的厨具设备，如水池、电磁炉等，满足烧水、煮粥、热菜等基本需求。	通常出现在一室一厅的老人居室当中。与餐起空间结合设置，营造家人围坐聊天吃饭的居家氛围。设施设备较为齐全，一般配置电磁炉，能满足基本的烹饪需求，丰富老人的日常生活。	通常出现在面向自理老人的一室一厅以上居室当中。与一般住宅当中的厨房类似、空间独立、设施设备齐全，能够满足日常家庭烹饪需求；如为自理老人住宅，又能对外开窗，则可设置燃气灶。

第五章 居住空间设计

▶ 老人居室厨房的细节设计要点

台面防水滴落，台面前边缘设置 0.5~1cm 高的翻边，避免台面上的水外溢到地面上，造成老人滑倒的事故。

厨房墙面应耐污、易清洁，避免使用小块、毛面、缝多的材料。

洗涤池和电磁炉两侧均须设置台面，便于洗涤、备餐和烹饪时随手放置物品。

吊柜下方设置照明灯具，为洗涤池和操作台面提供照明。

采用透明或半透明的吊柜门，老人无须打开柜门就可以查看到吊柜中储藏的物品，便于找寻。

争取充足的储藏空间，可用于储藏餐具、炊具，也可用于储藏其他日杂用品，帮助解决全居室储藏空间不足的问题。

橱柜柜体应注意防油、防火、防燃。

设置中部柜，高度宜设置在 1200~1500mm 间，便于老人取放物品，采用开敞式柜格可避免老人遗忘。

中部高度预留电源插座，供电水壶、微波炉、电磁炉、电饭煲、榨汁机等小家电使用。

冰箱、微波炉旁留有操作台面，方便老人临时放置物品，或拿取高温物品时及时倒手，以防止烫伤。

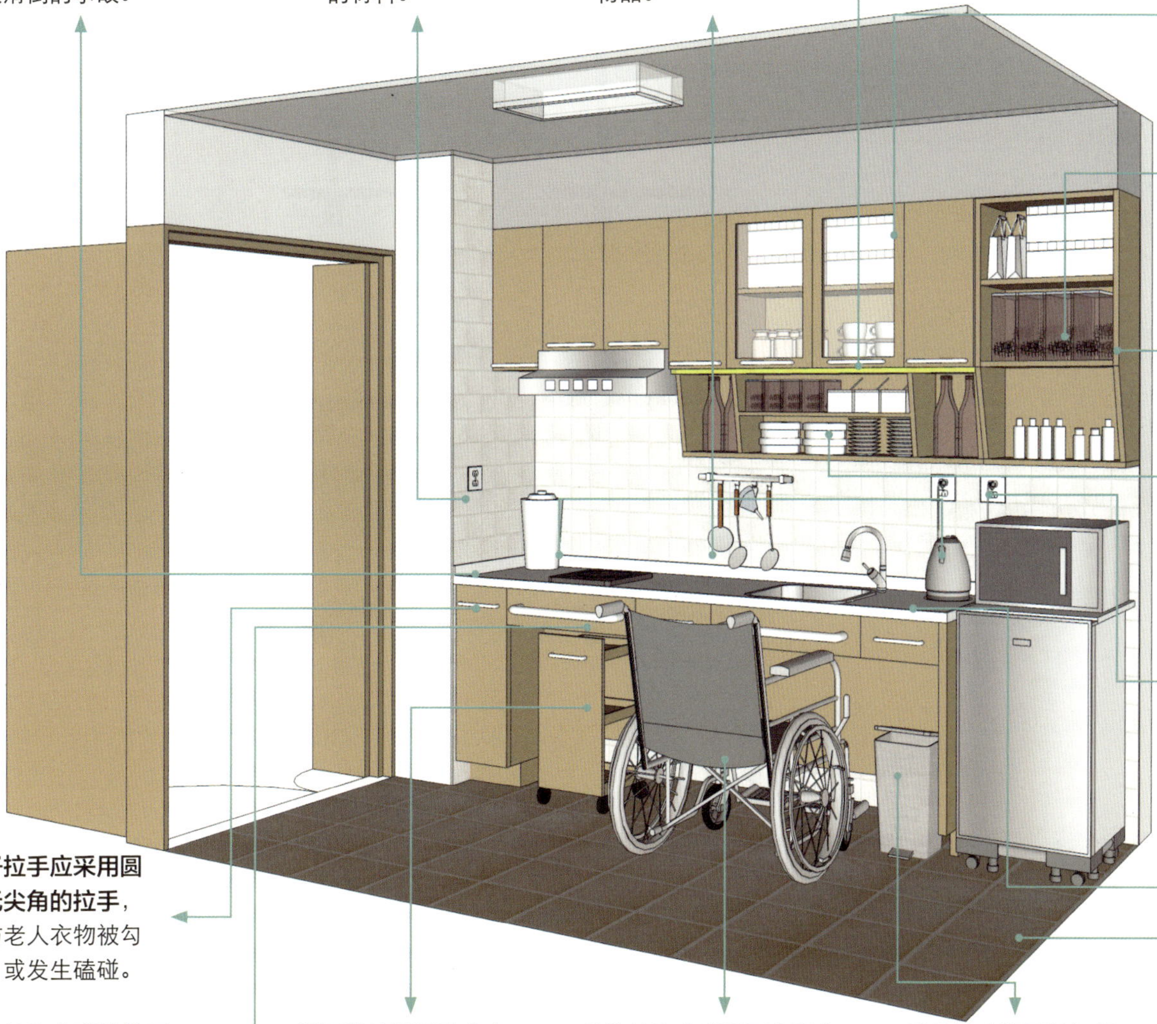

柜子拉手应采用圆滑无尖角的拉手，以防老人衣物被勾住，或发生磕碰。

洗涤池和电磁炉前可设置扶手，方便轮椅老人借力移动。

设置带轮的活动小车，补充储藏量，使台面下方空间灵活度变强，适合轮椅老人使用。

洗涤池和电磁炉下方留空或向内凹进，方便使用轮椅的老人接近，以坐姿进行洗涤和烹饪操作。

洗涤池旁设置垃圾桶，将洗涤过程中产生的垃圾就近处置，以免滴水污染地面。

选择防水、耐污、防滑的地面材料，建议采用防滑地砖或耐污性能较好的 PVC 地板。

图 5.4.69　老人居室厨房的细节设计要点

第4节 老人居室

老人居室阳台的设计

5-4

目前我国对于老人居室设置阳台的认识存在一定误区,大多认为出于安全和面积的考虑可不设阳台。但实际上,设置阳台能够丰富老人生活、提高居住品质,并且国外经验表明,阳台在灾难逃生中能够发挥重要作用,因此建议尽量为老人居室设置阳台。尤其是对于南方地区的养老设施或主要面向自理老人的居住用房,更应重视阳台的设计。

▶ **采取适当的安全措施**

在严寒、寒冷及多风沙的地区宜设置封闭阳台,并采用限位外窗。当在温暖地区设置开敞阳台时,阳台栏杆高度不低于 1.10m,可采用内伸式的栏杆扶手和隐形防护网来确保安全。

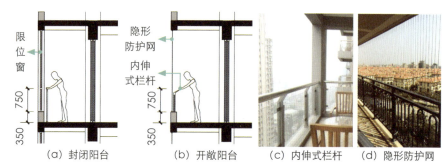

图 5.4.70 老人居室阳台的安全性设计

▶ **设置大玻璃窗**

轮椅老人视点高度约为 1200mm,通过窗台高度 1100mm 的普通窗户只能向外平视,无法看到楼下的景色。因此建议老人居室阳台采用低位的大玻璃窗。为了防止轮椅脚踏板碰撞玻璃,发生危险,大玻璃窗底部应留出 350mm 左右高的实墙体或采取其他保护措施。楼层较高时,为避免老人恐高,可将实体墙提高至 600mm。

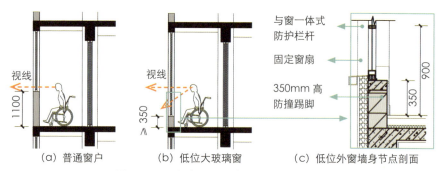

图 5.4.71 老人居室阳台外窗的设计要点

▶ **采用合理的阳台进深**

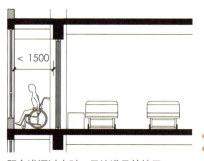

阳台进深过小时,无法满足轮椅回转需求。

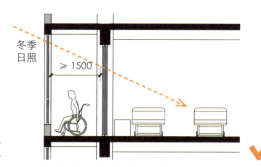

阳台进深适中,能够满足轮椅回转,又不妨碍冬季阳光照射到内侧的床位。

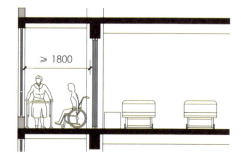

阳台兼做外走廊时,应保证足够的宽度,在有老人停留休息晒太阳时,保证其他人员的正常通行。

图 5.4.72 老人居室阳台进深的选择应兼顾日照、通行和轮椅回转

第五章 居住空间设计

▶ **老人居室阳台的细节设计要点**

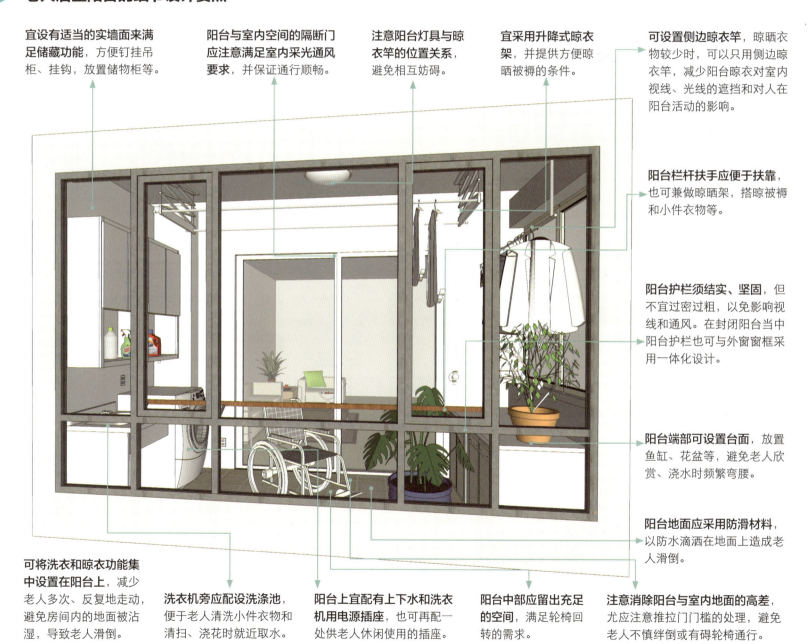

宜设有适当的实墙面来满足储藏功能，方便钉挂吊柜、挂钩，放置储物柜等。

阳台与室内空间的隔断门应注意满足室内采光通风要求，并保证通行顺畅。

注意阳台灯具与晾衣竿的位置关系，避免相互妨碍。

宜采用升降式晾衣架，并提供方便晾晒被褥的条件。

可设置侧边晾衣竿，晾晒衣物较少时，可以只用侧边晾衣竿，减少阳台晾衣对室内视线、光线的遮挡和对人在阳台活动的影响。

阳台栏杆扶手应便于扶靠，也可兼做晾晒架，搭晾被褥和小件衣物等。

阳台护栏须结实、坚固，但不宜过密过粗，以免影响视线和通风。在封闭阳台当中阳台护栏也可与外窗窗框采用一体化设计。

阳台端部可设置台面，放置鱼缸、花盆等，避免老人欣赏、浇水时频繁弯腰。

阳台地面应采用防滑材料，以防水滴洒在地面上造成老人滑倒。

可将洗衣和晾衣功能集中设置在阳台上，减少老人多次、反复地走动，避免房间内的地面被沾湿，导致老人滑倒。

洗衣机旁应配设洗涤池，便于老人清洗小件衣物和清扫、浇花时就近取水。

阳台上宜配有上下水和洗衣机用电源插座，也可再配一处供老人休闲使用的插座。

阳台中部应留出充足的空间，满足轮椅回转的需求。

注意消除阳台与室内地面的高差，尤应注意推拉门门槛的处理，避免老人不慎绊倒或有碍轮椅通行。

图 5.4.73 老人居室阳台的细节设计要点 [1]

---

1 本图中给出的设计要点适用于健康自理老人居室，护理老人居室的阳台设计可适度简化。

第4节 老人居室

老人居室的创新设计示例

5-4

设计老人居室时，通过创新的设计手段，不仅能够解决一些因客观条件所限而带来的设计难题，而且有助于形成具有鲜明特色的居室类型。下面举出一些老人居室的创新设计示例，供读者参考。

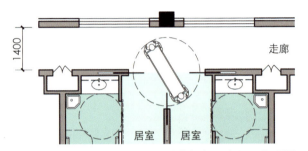

图 5.4.74　当走廊稍窄时，可通过在相邻居室入口处设置三道推拉门，起到局部增加走廊宽度的作用，以方便护理床回转

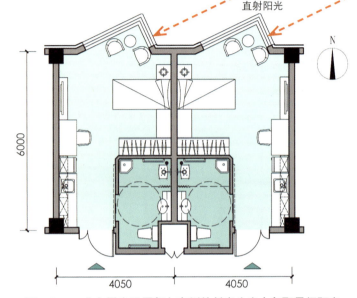

图 5.4.75　北向居室设置朝向东侧的斜窗为室内争取晨间阳光

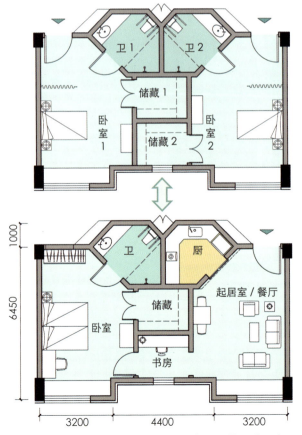

图 5.4.76　通过可变性设计实现两套居室的可分可合

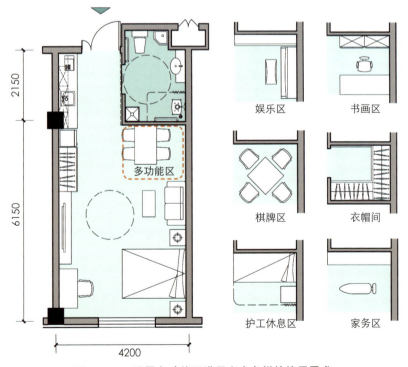

图 5.4.77　设置多功能区满足老人多样的使用需求

常见老人居室的平面尺寸示例

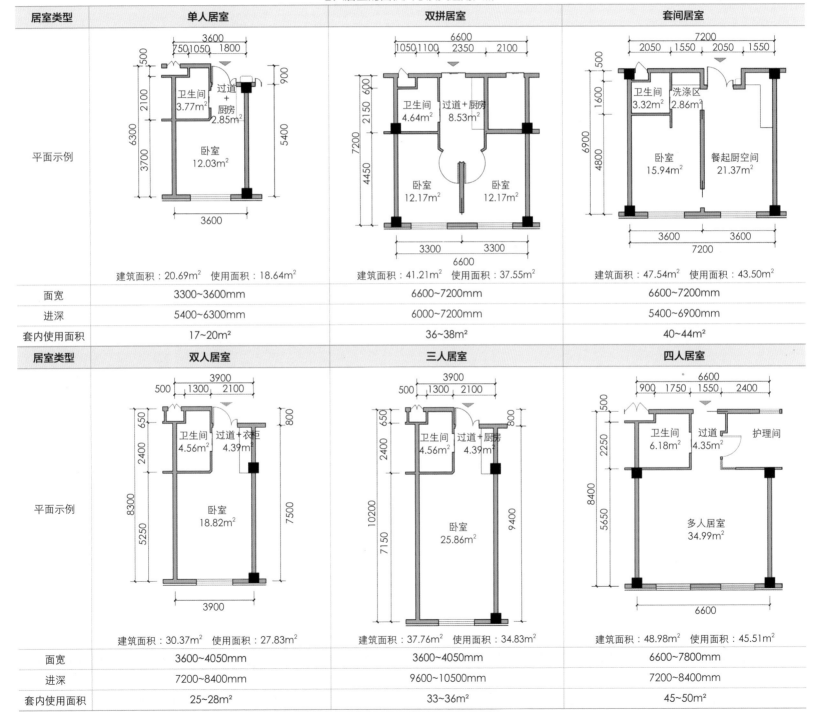

老人居室的面积尺寸及其适用人群　　表 5.4.6

附 录

有关运营方空间需求的调查问卷（示例）

APPENDIX

有关运营方空间需求的调查问卷（示例）

编制目的和使用说明：

- 养老设施项目的规划设计应与运营管理需求相匹配。现阶段，由于建筑师对运营方缺乏了解，建筑设计往往难以较好地满足实际运营当中的使用需求，容易给项目后期的运营管理带来较大的困难。为促进项目前期策划阶段设计方、投资方与运营方的沟通交流，方便设计人员了解运营方对空间的需求，为展开具体设计工作提供参考依据，笔者编制了此份问卷。此外，本问卷还可用做养老设施项目的策划大纲，为策划团队提供参考思路。

- 本问卷的主要调查对象为养老设施项目的运营方负责人或运营顾问，为提高沟通效率，建议投资方、运营方和设计方代表共同参与调查过程，由项目建筑师（或建筑策划人员）作为调查人员，负责本问卷的提问及填写。

- 本问卷中的题目形式以问答题为主，其中题号前带有●的为重点问题，这些问题所涉及的内容对建筑空间形式影响较大，须尽早给出明确答案。

- 大多数问题下方设有提示性的文字、选项或表格，用于启发和引导被调查者尽可能充分全面地思考和表达他们的需求。进行调查时，调查人员可根据问卷内容逐项提问，并根据被调查者的回答情况进行适度扩展提问，以收集到尽可能详尽的信息。

- 由于养老设施项目的类型较多、情况各异，本问卷所包含的调查内容可能无法覆盖所有需要了解的信息，但希望能够通过这些内容为相关从业人员带来启发，引导他们尽可能系统全面地思考运营方对空间的需求。在实际使用中，可根据项目的具体情况对问卷内容进行进一步修改和完善。

- 问卷中涉及的护理组团、老人居室、公共餐厅等空间在进行具体设计时可参考本书正文相关章节的内容。

问卷正文：

本次调查中主要参与者的基本信息（含投资方、运营方、设计方等单位的代表）

姓名	在本项目中负责的工作范围及职务	联系电话	电子邮箱	所在单位

调查时间：___年___月___日

A　项目概况	调查记录
A01　项目投资方的基本情况：_____	
A02　项目运营方的基本情况：_____	
A03　项目中还涉及哪些合作方？他们的基本情况、合作内容及合作方式是怎样的？ （提示：涉及其他合作方的领域可能包括医疗、餐饮、物业等）	
● A04　计划开发哪种类型的养老项目？ （提示：如□老年人全日照料设施、□老年人日间照料设施、□养老综合体、□养老社区等）	
● A05　计划采用何种运营模式？ （提示：如□公办公营、□公办民营、□公建民营、□民办民营、□农村集体办、□其他 _____ ）	
A06　项目是营利还是非营利性质的？	
A07　希望通过项目开发实现哪些目的？ （提示：可从政府、行业和企业自身等多个角度进行阐述）	
● A08　计划开发什么档次的养老项目？ （提示：如□高端、□中端、□平价型、□保障型等）	
● A09　计划投入多少资金用于项目的开发建设？ （提示：可包括总投资预算和各部分、各阶段投资预算等）	
A10　项目可能从政府得到哪些政策和资金方面的支持？ （提示：如建设补贴、运营补贴、税收优惠、城建行政等费用减免等）	
A11　项目可能获得哪些社会支持？ （提示：如社会捐赠、志愿服务、企业合作等）	
● A12　政府和规划部门对项目建设有哪些特定要求？ （提示：包括床位数量、建设规模、收住对象、收费标准、服务项目等）	
● A13　项目的主要服务内容有哪些？ （提示：包括护理服务、失智照护、医疗服务、康复服务、日间照料、短期入住、居家照护等）	

有关运营方空间需求的调查问卷（示例）

B　项目用地状况	调查记录
B01　项目所在城市的基本情况： （提示：包括人口规模、老年人口比例、气候特征、居民收入水平、经济发展状况等） **B02**　项目用地在城市中处于怎样的地理位置？ （提示：□中心城区、□边缘城区、□城乡接合部、□乡镇中心、□乡镇附近、□离乡镇较远的地区） **B03**　项目用地／建筑的来源： （提示：□自有、□租用、□无偿提供使用、□其他_____） ● **B04**　如为新建项目，项目用地的规划条件有哪些？ （提示：包括用地范围、用地面积、容积率、建筑密度、绿化率、建筑限高等） 如为改、扩建项目，项目用地及既有建筑的基本状况是怎样的？ （提示：包括既有建筑的功能、建成年代、建筑面积、结构形式、建筑层高、日照条件等） ● **B05**　项目周边社区及居民基本情况：	

社区名称	社区类型	建成年代	平均房价	平均租金 以 __m²__室__厅户型为例	社区规模	60岁以上 老年人比例	80岁以上 老年人比例	居民特征
		___年	___元/m²	_____元/月	___户	___%	___%	
		___年	___元/m²	_____元/月	___户	___%	___%	

（提示：社区类型包括：1-未经改造的老城区（街坊型社区）、2-单一的单位社区（企事业单位）、3-混合的单位社区、4-保障性住房社区、5-普通商品房小区、6-别墅区或高级住宅区、7-新近由农村社区转变过来的城市社区（"村改居"、村居合并或"城中村"）、8-农村（地处农村中心区）社区、9-特殊型（林场／矿区／校区等）社区、10-其他类型社区等；居民特征包括收入水平、职业背景、家庭状况等）

B06　周边社区养老服务设施的供需状况如何？
（提示：包括周边社区养老服务设施的配套现状，周边社区居民对养老服务设施的需求状况等）

● **B07**　项目用地周边有哪些竞品（如养老院、福利院、敬老院等）？它们的基本情况是怎样的？

项目名称	项目类型	建成年代	收住对象	收费标准	入住状况	运营方状况	优势	不足
		___年						
		___年						

B08 项目用地周边各类配套服务设施的配置状况是怎样的？			
配套设施类型	配置状况	与本项目的距离	分析评价
公共交通站点（如公交、地铁、火车站、机场等）		___km	
医疗卫生机构（如医院、社区卫生服务中心/站等）		___km	
商业服务设施（如商场、餐厅、超市、便利店等）		___km	
文化活动场所（如图书馆、文化馆、电影院等）		___km	
休闲活动场所（如公园、广场、运动场馆等）		___km	
公共服务设施（社区居委会、银行、邮局等）		___km	

B09 项目用地周边的交通状况如何？
（提示：包括项目周边的道路等级、开设出入口的条件、拥堵状况等）

C 目标客群画像　　　　　　　　　　　　　　　　　　　　　　　调查记录

C01 计划收住哪些类型的老人？不同身体状况老人的预计收住比例分别是多少？
（提示：□按照身体状况描述：　□自理　　　□失能　　　□半失能　　　□失智
　　　　□按照能力等级描述：　□能力完好　□轻度失能　□中度失能　　□重度失能
　　　　□按照护理等级描述：　□_____　□_____　□_____　　□_____
　　　　护理等级的划分依据：□运营方自定　□根据国家或地方规范《_____》确定
　　　　以上各类目标客群的收住比例为 _____ ）

C02 预计入住老人的平均年龄大约是多少岁？

C03 根据以往经验，预计入住老人的男女比例为 _____，老年夫妇的占比为 _____

● C04 预计入住老人退休前在什么性质的单位从事哪些工作？
（提示：例如政府机关干部、公司领导、高校教师、经商人士、企业职员、厂矿工人等）

● C05 计划主要面向哪些地区的老人？
（提示：□本街道/乡镇　□本区　□本市　□本省　□外省　□海外）

● C06 这些老人的支付能力/收入水平如何？
（提示：□低　，月收入 ___一___ 元　□中低，月收入 ___一___ 元　□中，月收入 ___一___ 元
　　　　□中高，月收入 ___一___ 元　□高　，月收入 ___一___ 元
　　　　不同支付能力/收入水平所对应的月收入范围可根据项目所在地的经济发展状况确定）

C07 老人的入住费用的主要来源包括：
（提示：□政府救济金　□子女的赡养费或亲友的资助　□自己的离退休金和储蓄　□其他 _____ ）

有关运营方空间需求的调查问卷（示例）

C08 预计收住老人的居住现状以哪类居多？各类占比分别是多少？
（提示：□单独居住 ___ □与配偶同住 ___ □与子女同住 ___ □与保姆同住 ___ □其他 _____）

C09 预计收住老人还具有哪些其他的共性特征？
（提示：包括兴趣爱好、生活习惯、人生经历等）

C10 请描述几个目标客群典型个案的基本情况
（提示：包括老人的身体状况、护理需求、工作背景、教育背景、居住状况、家庭状况等）

D 项目开发计划

调查记录

- D01 项目计划包含哪些建设内容，各项建设内容的具体情况是怎样的？计划总建筑面积 _____ m²

计划建设内容	服务对象	运营方	建筑面积	建筑规模	建设形式	动线要求	其他要求
□老年养护院			___m²	___床			
□养老院			___m²	___床			
□老年人公寓			___m²	___套			
□老年人住宅			___m²	___套			
□老年人日间照料中心			___m²	___人			
□老年活动中心			___m²	/			
□老年大学			___m²	/			
□康复医院			___m²	___床			
□社区卫生服务中心/站			___m²	___床			
□社区居民活动中心			___m²	/			
□托儿所/幼儿园			___m²	___班			
□其他 ___			___m²				

（提示：建设形式包括 1-配建于其他建筑之中、2-单栋独立建筑、3-多栋建筑组合，动线要求主要指是否需要设置独立分区和出入口）

- D02 项目是否计划分期开发？开发的时间周期是如何考虑的？

分期开发阶段	建设内容	该期建筑面积	该期建设投资	预计报批时间	预计开工时间	预计竣工时间	预计开业时间
一期		___m²	___万元	__年__月	__年__月	__年__月	__年__月
二期		___m²	___万元	__年__月	__年__月	__年__月	__年__月

D03 对本项目中老人居室与公共服务配套的面积配比的预计为 ___ : ___

D04 项目中的养老设施将具有哪些优势？存在哪些劣势？在市场当中的核心竞争力是什么？

项目	收费标准
入住押金（保证金）	□ ___ 元
一次性设施费	□ ___ 元
床位费	□单人间 ___ 元/床/月　　□双人间 ___ 元/床/月　　□双拼套间 ___ 元/床/月 □一居室套间 ___ 元/床/月　□多人护理间 ___ 元/床/月　□其他 ___ 元/床/月
护理费	□自理 ___ 元/人/月　　□轻度失能 ___ 元/人/月　　□中度失能 ___ 元/人/月 □重度失能 ___ 元/人/月　□特殊护理 ___ 元/人/月　□其他 ___ 元/床/月
餐费	□点餐：平均消费标准为 ___ 元/人/餐 □自助餐：早餐 ___ 元/人/餐　　中餐 ___ 元/人/餐　　晚餐 ___ 元/人/餐 □包月伙食费：___ 元/人/月
其他费用 _____	

● D05　养老设施居住产品的定价方案是如何考虑的？

E　运营服务模式

调查记录

E01　项目有哪些明确的运营服务理念？（提示：如尊重老人自主选择的权利、倡导积极健康的生活方式、为老人创造丰富的社交活动机会等）

● E02　开业时各类工作人员的基本配置以及入住满员时各类工作人员的配置计划分别是怎样的？
（提示：行政管理人员 __ 人　医生 __ 人　护士 __ 人　护理人员 __ 人　保洁人员 __ 人　保安人员 __ 人　勤杂人员 __ 人　后厨人员 __ 人　其他 __ 人，其工作岗位为 _____）

E03　护理组团中工作人员的排班计划

班次	在岗时间	在岗人数	人员构成
	__:__ - __:__	__ 人	护理人员 __ 人，护士 __ 人，医生 __ 人，其他 __ 人
	__:__ - __:__	__ 人	护理人员 __ 人，护士 __ 人，医生 __ 人，其他 __ 人
	__:__ - __:__	__ 人	护理人员 __ 人，护士 __ 人，医生 __ 人，其他 __ 人

● E04　准备采用何种餐饮服务模式？
　　○ 计划采用何种餐食制作模式？
　　（提示：□由养老设施厨房自制餐食　　□养老设施厨房仅加工半成品　　□外包餐饮公司制作并送餐）

有关运营方空间需求的调查问卷（示例）

○ 针对不同护理程度的老人采用何种供餐形式？或以哪种形式为主？

供餐形式 老人类型	平日供餐形式				节假日供餐形式			
	自助餐	套餐	零点	其他	自助餐	套餐	零点	其他
□自理老人	□	□	□	□，___	□	□	□	□，___
□护理老人	□	□	□	□，___	□	□	□	□，___
□失智老人	□	□	□	□，___	□	□	□	□，___

○ 准备通过什么方式从厨房向各个居住楼层送餐？
（提示：□通过专用食梯送餐　　□用餐车通过电梯送餐　　□其他 ___）

○ 准备将不同护理程度的老人分别安排在何处用餐？在不同地点用餐的人数比例是怎样的？如何取餐？

服务模式 老人类型	用餐地点及相应的用餐人数比例			取餐方式	
	老人居室内	组团公共餐厅	集中公共餐厅	老人自主取餐	护理员协助取餐
□自理老人	□，___%	□，___%	□，___%	□	□
□护理老人	□，___%	□，___%	□，___%	□	□
□失智老人	□，___%	□，___%	□，___%	□	□

● E05　准备采用何种洗浴服务模式？

○ 计划针对不同护理程度的老人分别采用何种洗浴模式？在何处洗浴？

服务模式 老人类型	洗浴方式		洗浴地点		
	老人自主洗浴	护理人员助浴	居室卫生间内	组团公共浴室	集中公共浴室
□自理老人	□	□	□，___%	□，___%	□，___%
□护理老人	□	□	□，___%	□，___%	□，___%
□失智老人	□	□	□，___%	□，___%	□，___%

○ 如设置集中公共浴室，是明确划分男女浴室还是不同男女老人分时段使用？是否对外开放？是否具有温泉洗浴等娱乐性质？

○ 根据以往的运营经验和项目的服务质量要求，老人洗浴的频率和每次助浴服务的时间是怎样的？
（提示：夏季每周 ___ 次，___ 分钟/人次；冬季每周 ___ 次，___ 分钟/人次）

调查记录

调查记录

E06　计划组织哪些日常活动和特色活动？这些活动会用到哪些空间？预计有多少人参与？

○ 日常活动

活动名称	活动时间与频率	活动地点	参与人员	最大参与人数

○ 特色活动

活动名称	活动时间与频率	活动地点	参与人员	最大参与人数（含亲友访客）

（提示　参与人员可包括入住设施的自理老人、护理老人、失智老人及其家属，周边社区老人及其家属，外来嘉宾、访客，以及养老设施工作人员等）

● E07　准备采用何种洗衣服务模式？

○ 设施当中的各类衣物由谁负责收集和清洗？在何处清洗和晾晒？

衣物类型＼服务模式	洗衣方式			洗衣地点				晾晒地点		
	老人自主洗衣	工作人员洗衣	外包洗衣	老人居室	组团洗衣房	集中洗衣房	外包	老人居室	组团晾晒阳台	集中晾晒平台
□自理老人	□	□	□	□	□	□	□	□	□	□
□护理老人	□	□	□	□	□	□	□	□	□	□
□失智老人	□	□	□	□	□	□	□	□	□	□

E08　计划采取哪种医疗服务模式？

　　（提示：□养老设施内部设置医务室，服务于入住老人

　　　　　　□养老设施设置社区卫生服务站，服务于入住老人和周边社区居民

　　　　　　□养老设施配建专科／综合医院，服务于入住老人和社会人群

　　　　　　□与社会医疗机构建立合作关系，共享医疗资源）

有关运营方空间需求的调查问卷（示例）

F 老人居室的配置要求			调查记录

● F01 对老人居室的类型、数量和面积配置有何要求？对老人居室的标准面宽是如何考虑的？

□自理老人居室 共计 ___ 套	其中：□单开间居室 __ 套，每套 __ m² □一室一厅居室 __ 套，每套 __ m² □一室两厅居室 __ 套，每套 __ m² □其他 ___，__ 套，每套 __ m²
□护理老人居室 共计 ___ 间，___ 床	其中：□单人间 __ 间，每间 __ m² □双人间 __ 间，每间 __ m² □双拼套间 __ 间，每间 __ m² □一室一厅套间 __ 间，每间 __ m² □多人护理间 __ 间，每间 __ m² □其他 ___，__ 间，每间 __ m²
□失智老人居室 共计 ___ 间，___ 床	其中：□单人间 __ 间，每间 __ m² □双人间 __ 间，每间 __ m² □其他 ___，__ 间，每间 __ m²

F02 除睡眠空间外，老人居室中还须配置哪些功能及空间？

居室类型 \ 功能空间	平日供餐形式		如厕区	盥洗区		洗浴区		沙发区	餐桌区	写字区	阳台	其他
	简易厨房	常规厨房		设于卫生间外	设于卫生间内	设置淋浴	设置浴缸					
□自理老人	□	□	□	□	□	□	□	□	□	□	□	□
□护理老人	□	□	□	□	□	□	□	□	□	□	□	□
□失智老人	□	□	□	□	□	□	□	□	□	□	□	□

F03 老人居室中需要配置哪些电器设备？条件有限时，它们的优先级排序是怎样的？

电视	冰箱	洗衣机	空调	电扇	微波炉	电磁炉	电水壶	油烟机	电话	其他 __
□，__	□，__	□，__	□，__	□，__	□，__	□，__	□，__	□，__	□，__	□，__

F04 老人居室中需要配置哪些家具？条件有限时，它们的优先级排序是怎样的？

床头柜	书桌	椅子	书柜	衣柜	五斗柜	鞋柜	沙发	茶几	餐桌	其他 __
□，__	□，__	□，__	□，__	□，__	□，__	□，__	□，__	□，__	□，__	□，__

F05 护理老人居室中是否考虑配置医疗设备带？

F06 是否允许入住老人自带家具？如允许，对自带家具的类型和数量有何要求？

F07 是否允许入住老人在居室内饲养猫、狗等宠物？

附录

G　护理组团的配置要求			调查记录
G01　计划配置多少个护理组团？不同身体状况和护理程度的老人是混合居住还是分组团居住？ 　　　每个护理组团的理想规模是多大？护理组团中计划配置哪些类型的老人居室？ 　　　（提示：根据老人身体状况和护理程度的不同，养老设施当中的护理组团可划分为失能老人护理组团、失智老人护理组团等多种类型；护理组团的理想规模和老人居室的类型配置应与老人的身体状况和设施的运营服务需求相匹配） G02　每个护理组团当中需要配置哪些公共活动空间和生活服务空间？条件有限时，它们的优先级排序是怎样的？ 　　　每类空间需要实现哪些使用功能？满足哪些设计要求？			
功能空间类型	配置需求及优先级排序	使用功能和设计要求（以下为提示，可根据实际需求补充完善）	
组团公共起居厅	□，__	需要满足 ___ 名老人同时进行起居活动和 ___ 名老人同时用餐的空间需求 设置哪些家具设备？分别配置多少件？ 　□餐桌 __ 张　　□椅子/座凳 __ 个　　□洗手池 __ 个　　□电视 __ 台 　□沙发 __ 组　　□康复健身器械 __ 件　□其他 ____	
备餐空间	□，__	计划采用哪种形式的备餐空间？　□独立的备餐间　□开敞的备餐台 需要满足哪些功能需求？　　　□备餐分餐　□加热餐食　□制作餐食 　　　　　　　　　　　　　□餐具洗消　□餐具储藏　□茶水供应　□其他 __ 设置哪些电器设备？　□微波炉　　□冰箱　　□水池　　□电水壶 　　　　　　　　　□电饭煲　　□电磁炉　□油烟机　□其他 ____ 储藏哪些餐具物品？_____ 是否允许老人参与备餐活动？_____	
公共卫生间	□，__	每个护理组团需要配置 ___ 处公共卫生间，设置 ___ 个无障碍厕位	
公共浴室	□，__	需要满足 ___ 位老人同时洗浴的空间需求，设 ___ 个淋浴喷头 需要设置 ___ 位老人的更衣空间，有无卧姿更衣要求？__ 需要配置哪些助浴设备？　□浴凳　□浴床　□机械浴缸　□其他 ___	
（提示：不同类型护理组团可分别填写） G03　护理组团中需要配置哪些辅助服务空间？条件有限时，它们的优先级排序是怎样的？ 　　　每类空间需要实现哪些使用功能？满足哪些设计要求？			
功能空间类型	配置需求及优先级排序	使用功能和设计要求（以下为提示，可根据实际需求补充完善）	
护理站	□，__	需要提供 ___ 个工位 配置哪些家具电器？　□文件柜　□水池　□呼叫终端　□电话 　　　　　　　　　□电脑　　□打印机　□冰箱　　□其他 ___ 控制哪些电器设备？　□公共区照明灯具　□公共区空调　□火警设备 　　　　　　　　　□广播设备　□监控设备　□呼叫设备　□其他 __	

有关运营方空间需求的调查问卷（示例）

功能空间	配置需求	使用功能和设计要求
办公室/值班室	□，__	需要提供 ___ 个工位，___ 个休息座位/床位
员工专用卫生间	□，__	需要配置 ___ 个厕位
分药室	□，__	需要满足哪些功能要求？需要储藏 __ 位老人、__ 天用量的药品？是否需要设置冰箱用于部分药品的冷藏保存？
储藏间	□，__	需要设置 ___ 个储藏间/柜，分别用于存放哪些物品？需要临近哪些空间设置？
清洁间	□，__	需要配置哪些设备？ □洗涤池 □浸泡池 □洗衣机 □晾衣架 □其他 存放 __ 辆清洁车
污物间	□，__	需要配置哪些设备？ □洗涤池 □浸泡池 □污物池 □垃圾桶 □其他
洗衣房	□，__	需要配置 ___ 台洗衣机，___ 台烘干机，在何处晾晒衣物？_____
其他	□，__	护理组团中还需要配置哪些辅助服务空间？对位置、数量、面积及设施设备有何要求？

H 公共空间的配置要求

调查记录

H01 主门厅需要配置哪些功能空间？条件有限时，它们的优先级排序是怎样的？
每类空间需要实现哪些使用功能？满足哪些设计要求？

功能空间类型	配置需求及优先级排序	使用功能和设计要求（以下为提示，可根据实际需求补充完善）
服务台	□，__	需要提供 ___ 个工位 采用哪种空间形式？ □结合值班室设置 □结合办公区设置 □独立设置 □其他 __ 配置哪些家具电器？ □橱柜 □水池 □冰箱 □茶水制备用具 □电脑 □打印机 □复印机 □商品销售台 □电话 □宣传材料柜 □其他 __
休息等候区	□，__	需要配置哪些功能区？□物品行李暂存处 □沙发/座凳 __ 组 □书报架 □其他 _____
展示区	□，__	需要配置哪些设备/功能区？ □老人作品展示区 □老年用具展示区 □LED宣传屏幕 □电视 □通知公告栏 □其他 _____
生活服务区	□，__	需要配置哪些设备/功能区？ □信报箱 □快递柜 □自动售货机 □ATM机 □小卖部 □冰箱 □饮水机 □其他 _____
接待室	□，__	对数量、面积和家具设备有何要求？_____
入住评估室	□，__	对数量、面积、形式和设备配置有何要求？_____
其他	□，__	主门厅还需要设置哪些空间？对位置、数量、面积及设施设备有何要求？

H02 需要配置哪些公共餐饮空间？每类空间需要实现哪些使用功能？满足哪些设计要求？			调查记录
功能空间类型	配置需求	使用功能和设计要求（以下为提示，可根据实际需求补充完善）	
公共餐厅	□	公共餐厅的供餐形式为？　□自助餐　□套餐　□点餐　□其他 ____ 平日最多可容纳 __ 人同时用餐，大型节庆活动时最多需要容纳 __ 人同时用餐 公共餐厅是否需要考虑灵活可变，预留兼做多功能厅等活动空间的可能性？ 需要设置 __ 个包间，不同大小的包间分别需要几个？ _____ 是否需要设置取餐台？对取餐台的位置、形式和面积有何要求？ _____	
少数民族餐厅	□	需要设置 __ 个餐位，是否需要设置包间？是否需要专用厨房？	
特色餐饮空间	□	需要设置哪些特色餐饮空间？希望设置在什么位置？ 　□酒吧区，__ 座，__ m²，__　　　□茶餐厅，__ 座，__ m²，__ 　□咖啡厅，__ 座，__ m²，__　　　□其他 _____	
储藏空间	□	采用何种形式的储藏空间？　如□壁柜　□储藏间　□展示柜　□货架等 储藏哪些家具物品？　　如□餐桌椅　□餐饮设备　□节庆用品　□餐桌布等	
其他	□	还需要哪些公共餐饮空间？对位置、数量、面积及设施设备有何要求？	

H03 需要配置哪些公共活动空间？ 对空间数量、位置、面积和可容纳人数等方面有哪些具体要求？

○ 文化娱乐空间
□ 01- 多功能厅 __，需要附设哪些空间？　如□舞台　□化妆间　□贵宾休息室　□控制室　□库房等
□ 02- 棋牌空间 __　　　□ 03- 阅读空间 __　　　□ 04- 书画空间 __　　　□ 05- 手工制作空间 __
□ 06- 普通教室 __　　　□ 07- 电脑教室 __　　　□ 08- 厨艺教室 __　　　□ 09- 茶艺空间 __
□ 10- 上网空间 __　　　□ 11- 种植温室 __　　　□ 12- 观影空间 __　　　□ 13- 歌唱、器乐演奏空间 __
□ 14- 舞蹈、做操空间 __　□ 15- 陶艺制作空间 __　□ 16- 纺织缝纫空间 __　□ 17- 木工制作空间 __
□ 18- 宠物游戏空间 __　□ 19- 宗教活动室 __　　□ 20- 样板间 __　　　□ 21- 其他 _____

○ 体育健身空间
□ 22- 健身空间 __　　　□ 23- 乒乓球桌 __　　□ 24- 台球桌 __　　　□ 25- 沙狐球桌 __
□ 26- 桌上足球 __　　　□ 27- 室内羽毛球场 __　□ 28- 室内壁球场 __　　□ 29- 室内高尔夫场地 __
□ 30- 室内游泳馆 __，泳池尺寸 __ m × __ m，深度 __ m　□ 31- 室内温泉洗浴中心 __　□ 32- 其他 _____
　　其中，必须设置的空间包括（填写编号） _____
　　条件允许时尽量设置的空间包括（填写编号） _____
　　需要设置为独立封闭房间的空间包括（填写编号） _____
　　可设置为开敞空间的空间包括（填写编号） _____

有关运营方空间需求的调查问卷（示例）

H04　需要配置哪些公共生活配套设施？对空间的面积、设施设备配置等方面有哪些具体要求？
　□ 01- 美容美发店 ___　　□ 02- 推拿按摩店 ___　　□ 03- 超市 ___　　□ 04- 药店 ___
　□ 05- 老人用品商店 ___　□ 06- 水吧 ___　　□ 07- 其他 ___

H05　需要配置哪些医疗空间？对空间的数量、位置、面积、设施设备配置等方面有哪些具体要求？
　□ 01- 全科诊室 ___　　□ 02- 中医诊室 ___　　□ 03- 口腔科诊室 ___　□ 04- 其他诊室 ___　□ 05- 候诊区 ___
　□ 06- 治疗室 ___　　　□ 07- 处置室 ___　　　□ 08- 观察室 ___　　　□ 09- 输液室 ___　　□ 10- 康复室 ___
　□ 11- 预防保健室 ___　□ 12- 健康信息管理室 ___　□ 13- 化验室 ___　□ 14- B超室 ___　　□ 15- X光室 ___
　□ 16- 心电图室 ___　　□ 17- 导诊台 ___　　　□ 18- 收费挂号处 ___　□ 19- 中药房 ___　　□ 20- 西药房 ___
　□ 21- 摆药室 ___　　　□ 22- 护士站 ___　　　□ 23- 医护人员办公室/值班室 ___　　□ 24- 医护人员更衣室 ___
　□ 25- 卫生间 ___　　　□ 26- 医疗废物暂存间/处 ___　□ 27- 临终关怀室 ___　□ 28- 太平间 ___　□ 29- 其他 ___

H06　公共空间一共需要设置几处公共卫生间？分别需要临近哪些空间？对具体形式和厕位数量有何要求？
　（提示：一般情况下，需要在门厅、公共餐厅、多功能厅、公共活动区等人员较为密集的空间附近以及医疗区等相对独立的功能分区当中设置公共卫生间。）

I　后勤辅助空间的配置要求			调查记录

I01　需要配置哪些后勤服务空间？每类空间需要实现哪些使用功能？满足哪些设计要求？

功能空间类型	配置需求	使用功能和设计要求（以下为提示，可根据实际需求补充完善）
厨房	□	厨房计划采用哪种设置形式？ 　□集中设置　　□分散设置，共设置 __ 处，分别位于 ___ 是否需要设置独立的员工厨房？ 计划服务于哪些人群？预计平日和周末节假日服务人数分别是多少？ 　□入住老人 __ 人　　　□访客家属 __ 人　　　□设施员工 __ 人 　□周边社区老人 __ 人　　□其他 __ ，__ 人 举办大型活动期间的餐食供应量会比平时增加多少？ 需要停放 __ 辆餐车，餐车的尺寸为 __ 需要配置哪些功能空间？ 　□进货验收空间　□主食库　　□副食库　　□主食制作区 　□主食热加工区　□副食粗加工区　□副食切配区　□副食烹饪区 　□冷荤制作间　　□特殊加工间　□备餐间　　□冷拼间 　□面点间　　　　□洗消间　　□餐具存放处　□餐车存放处 　□营养师办公室　□厨师长办公室　□员工更衣室　□员工卫生间 　□其他 ___ 厨房功能空间在面积、设施设备、动线组织等方面的特殊要求 ___

功能空间类型	配置需求	使用功能和设计要求（以下为提示，可根据实际需求补充完善）
集中洗衣房	□	需要配置哪些功能空间？ 　　□推车存放区　□衣物暂存区　□分拣区　□熨烫区　□叠衣区 　　□贮存分发区　□其他 __ 需要配置哪些设施设备？ 　　□大型洗衣机 __ 台　　□小型洗衣机 __ 台　　□烘干机 __ 台 　　□干洗机 __ 台　　□双滚筒平烫机 __ 台　　□夹机 __ 台 　　□手工烫台 __ 个　　□浸泡池 __ 台　　□洗涤池 __ 个 　　□污物池 __ 个　　□消毒设备 __ 台　　□其他 ___
集中晾晒区	□	计划在哪些位置设置集中晾晒区？　□庭院　□屋顶　□阳台　□其他 ___ 对晾晒区面积和设备配置有何要求？_____
仓库	□	对仓库的类型、数量、用途、面积、位置及物理环境有哪些要求？_____
垃圾房	□	对垃圾房的数量、位置、面积及相应的垃圾处理方式有何要求？_____
大型设备	□	需要存放哪些大型设备？ 　　□洗地机 __ 台，尺寸 __　□割草机 __ 台，尺寸 __　□其他 ___ 对设备间的数量、位置和面积有哪些要求？_____
储藏间	□	需要存放哪些大型设备？ 　　□洗地机 __ 台，尺寸 __　□割草机 __ 台，尺寸 __　□其他 ___ 对储藏空间的数量、位置和面积有哪些要求？_____
消防控制室	□	对消防控制室的位置、面积及设备配置有哪些要求？_____
安防监控室	□	对安防监控室的位置、面积及设备配置有哪些要求？_____
门卫室	□	对门卫室的位置、面积及设备配置有哪些要求？_____
其他	□	还需要哪些后勤服务空间？对位置、数量、面积及设施设备有何要求？

I02　需要配置哪些行政办公空间？每类空间需要实现哪些使用功能？满足哪些设计要求？

功能空间类型	配置需求	使用功能和设计要求（以下为提示，可根据实际需求补充完善）
集中办公空间	□	需要提供 __ m^2 的办公空间，设置 __ 个工位，供 _____ 等工作人员使用 需要配置哪些办公家具设备？ 　　□打印/复印机　□扫描仪　□电话　□保险柜　□文件柜　□其他 ___
独立办公室	□	需要为哪些行政人员设置独立办公室？　　□院长　□财务　□其他 ___
会议室/培训教室	□	需要配置 __ 间，不同规模的会议室各需要多少间？面积分别为 __ m^2
档案室	□	面积须达到 __ m^2，是否可以兼做其他空间？_____
其他	□	还需要哪些行政办公空间？对位置、数量、面积及设施设备有何要求？

调查记录

有关运营方空间需求的调查问卷（示例）

			调查记录
I03 需要配置哪些员工生活空间？每类空间需要实现哪些使用功能？满足哪些设计要求？			
功能空间类型	配置需求	使用功能和设计要求（以下为提示，可根据实际需求补充完善）	
员工餐厅	□	员工餐厅准备采用何种形式？　□单独设置　□与老人公共餐厅合用 需要满足 __ 人同时就餐的空间需求	
员工宿舍	□	需要满足 __ 位男性员工和 __ 位女性员工的住宿需求 计划提供哪些宿舍房间类型？不同类型的宿舍房间分别配置多少间？ 　　□单人间 __ 间，每间 __ m²　　□双人间 __ 间，每间 __ m² 　　□四人间 __ 间，每间 __ m²　　□六人间 __ 间，每间 __ m² 　　□套间 __ 间，每间 __ m²　　　□夫妇间 __ 间，每间 __ m² 　　□其他 _____ 宿舍房间需要配置哪些卫生设施？　□盥洗池　□坐便器　□淋浴器 宿舍区还需配置哪些公共设施？对这些公共设施的位置和面积有哪些要求？ 　　□公共盥洗间 __ m²　　□公共卫生间 __ m²　　□公共浴室 __ m² 　　□洗衣房 __ m²　　　　□晾晒区 __ m²　　　　□其他 _____	
员工福利空间	□	需要配置哪些功能空间？对这些空间的位置和面积有哪些要求？ 　　□员工活动室 __　□子女幼托处 __　□其他 ___	
其他	□	还需要哪些员工生活空间？对位置、数量、面积及设施设备有何要求？	

J　其他空间的配置要求

调查记录

J01　打算为老人的亲友提供哪些空间和设施？
　　□家庭谈话室/聚餐室 ___ 间，位于 ___，面积 ___ m²；
　　□亲情居室 ___ 间，其中是否需要配置：　　□独立卫生间　□独立起居室　□餐厅　□厨房　□其他 ___
　　□其他 _____

● J02　养老设施当中的哪些空间打算对周边的居民开放？

空间名称	开放时间	管理方式	空间设计要求

（提示：养老设施当中的部分公共空间可面向周边社区开放，在方便居民生活的同时，提升空间的利用效率和养老设施的人气。通常情况下，能够对外开放的功能空间包括多功能厅、餐厅、超市、泳池、理发室等；管理方式主要指运营方、服务方对相应空间经营管理方式的设想；空间设计要求主要指出入口设计和流线组织等方面的要求）

J03　对养老设施建筑空间还有哪些其他的需求？　　具体说明 _____

K 设施设备系统的配置要求 | 调查记录

● **K01** 设施中的不同空间准备配置哪些空调、采暖和新风设备？

空间 \ 设备	空调形式			采暖形式			新风系统
	中央空调	分体空调	其他 ___	暖气片采暖	地暖采暖	其他 ___	
	□	□	□	□	□	□	□
	□	□	□	□	□	□	□

（提示：可根据公共空间、走廊、老人居室等不同空间的需求特点选择适宜的设备类型）

K02 打算采用哪些节能节水设施？
　　□太阳能热水器　　□中水回收系统　　□雨水收集系统　　□空气源/地源热泵　　□节水器具
　　□节能灯具　　□其他 ___

K03 打算安装哪些智能系统？
　　□视频监控系统（需要监控的区域包括 _____）
　　□电子门禁与对讲系统（需要安装门禁的位置包括 _____）
　　□紧急呼叫系统　　□摔倒报警系统　　□智能洗浴设备　　□智能照明系统
　　□智能温湿控制系统　　□智能媒体娱乐系统　　□防火与防灾报警系统
　　□其他 ___

K04 是否打算配置内部一卡通消费系统？需要在哪些地方安装刷卡终端？充值地点和充值方式是怎样的？

K05 在设施设备配置方面还有哪些其他的需求？

L 室外场地的配置要求 | 调查记录

L01 需要配置哪些室外活动场地？对场地数量、位置、面积和可容纳人数等方面有哪些具体要求？
　　□ 01- 做操、跳舞场地 ___　　□ 02- 门球场地 ___　　□ 03- 散步道 ___　　□ 04- 乒乓球场地 ___
　　□ 05- 羽毛球场地 ___　　□ 06- 儿童活动场地 ___　　□ 07- 棋牌空间 ___　　□ 08- 亭子及廊道空间 ___
　　□ 09- 宠物饲养园地 ___（打算饲养的动物种类和数量 ___）□ 10- 独立的种植园地 ___（是否考虑老人认领使用 ___）
　　□ 11- 独立的失智老人疗愈花园 ___　　□ 12- 专业的五感康复花园 ___　　□ 13- 其他 ___
　　其中，必须设置的场地包括（填写编号）_____
　　条件允许时尽量设置的场地包括（填写编号）_____

有关运营方空间需求的调查问卷（示例）

	调查记录
● L02　需要配置哪些机动车停车场地？对数量和位置有何要求？ 　　　车位总数 __ 个，其中：地上 __ 个，地下 __ 个 　　　小型车位 __ 个，其中：老人用车位 __ 个，员工用停车 __ 个，访客用车位 __ 个，其他车位 __ 个 　　　后勤车位 __ 个，救护车位 __ 个，"救护车停靠区 __ 处" 无障碍车位 __ 个 　　　出游（中巴\大巴）车位 __ 个、临时落客区 __ 处 　　　其他车位 __ 个；配置充电桩 __ 处 　　L03　需要配置哪些非机动车停车场地？对数量和位置有何要求？ 　　　自行车/电动自行车位 __ 个，老人代步车/电动三轮车位 __ 个，其他车位 __ 个，配置充电桩 __ 处 　　L04　对养老设施室外场地还有哪些其他的需求？	
M　经验之谈	调查记录
M01　在这个项目当中，最为重要、最希望着力营造的是哪些空间？ M02　根据以往的运营管理经验，在设计阶段，最需要提醒设计师关注哪些问题？ M03　在以往的运营管理经历当中，遇到的最困难的事情是什么？需要在新项目中吸取哪些经验教训？	

其他补充问题及调查记录

图书在版编目（CIP）数据

养老设施建筑设计详解 1/周燕珉著.—北京：中国建筑工业出版社，2018.3（2022.9 重印）
ISBN 978-7-112-21682-6

Ⅰ.①养… Ⅱ.①周… Ⅲ.①老年人住宅-建筑设计 Ⅳ.①TU241.93

中国版本图书馆CIP数据核字（2017）第316978号

责任编辑：费海玲　焦　阳
责任校对：张　颖

养老设施建筑设计详解 1
周燕珉　等著

*

中国建筑工业出版社出版、发行（北京海淀三里河路9号）
各地新华书店、建筑书店经销
北京嘉泰利德公司制版
天津图文方嘉印刷有限公司印刷

*

开本：787×1092 毫米　1/12　印张：19$\frac{2}{3}$　字数：354 千字
2018 年 4 月第一版　2022 年 9 月第五次印刷
定价：**138.00** 元
ISBN 978-7-112-21682-6
（31528）

版权所有　翻印必究
如有印装质量问题，可寄本社退换
（邮政编码　100037）